農で輝く！

ホームレスや
引きこもりが
人生を取り戻す

奇跡の農園

小島希世子

河出書房新社

はじめに

大学生の頃、通学途中の道端で、路上に雑誌を並べて売るホームレスをしばしば見かけた。

「彼はあんなところで何をしているんだろう?」

私が育った田舎には、ホームレスはいなかった。だから、彼の前を通るたびに気になって仕方がなかったのだ。

ある日、思い切って彼に声をかけてみた。

「こんにちは。おじさん、ここで何をなさっているんですか?」

すると、ホームレスのおじさんは、「捨ててある雑誌を集めてきて売っているんだ。これで金を稼いで生活している」と言った。

「どうして就職しないのですか? 就職したほうがずっと安定した暮らしができるのに」

不思議がる私に、おじさんが言った。

「就職したくても、住所も電話番号もないから無理だ」
私はハッとした。
「そうか、おじさんは働かないのではなくて、働きたくても働けないんだ……」

そんなホームレスのおじさんとの出会いから6年後、私は自分の畑でホームレスたちをアルバイトに雇うという試みを始めた。そして今は、藤沢市の一角にある農園でホームレスや引きこもりなど現代社会において働きづらさを抱える人たちに農業を教えている。彼らに農作業を習得してもらい、将来的に農家に就職し、働き手として農業界で活躍してもらうためだ。

ホームレスたちは働く意欲や体力があっても、住所や電話がないためになかなか働き口が決まらない。一方で、日本の農業界は労働力不足、後継者不足が深刻だ。〝働きたくても仕事がない〟ホームレスと、〝仕事はあるが働き手がいない〟農家とを結べば、お互いの希望が叶えられる――そう思いついたのが、活動を始めるきっかけだ。

だが、実際やり始めてみると、この取り組みは頭の中で描くほど簡単ではなかった。想像を超える障害や問題が次々に起きた。

畑にお酒を飲んできてしまう人もいたし、夜型の生活から抜け出せず、畑で昼寝をしてしまう人もいた。

「畑」という空間における心理的居場所を巡って人間関係のトラブルもあったりする。病気が再発してしまって、畑に来られなくなってしまう人もいたし、あるいは、昔の仲間との縁が切れず、フェードアウトしてしまう人もいる。

私は私で、元々器用な人付き合いができる方ではないため、うまく関係を築けないこともあった。

心の底から発した言葉が相手に真意が届かず誤解を招いたことがあったし、カチンときて怒ってしまうこともあった。言い争いもした。彼らと一緒に涙を流すこともあった。不用意な発言で相手を傷つけたこともあるかもしれない。特に最初の頃は、彼らとの距離の取り方に苦労した。

「ホームレスをファーマーへ」という前例のない活動を、手探りで始めてしまったものだから、本当にあっちにもこっちにもぶち当たった。

でも、たくさんのホームレスと向き合う中で見えてきたのは、「ホームレスも私と同じ人間」ということだ。

ホームレスにもいろんな人がいる。１００円のジュースさえ人からもらうのを嫌がる人。もらえるものは何でももらっていく人。けんかっぱやい人。平和主義な人。病気で農園に通えなくなったとき、「お別れに」と手作りのプレゼントをくれた人もいたし、私がマンガが好きなのを知って、マンガ本を集めて持ってきてくれた人もいた。

それは、ホームレスでない人にも誇り高い人がいたり、現金な人がいたり、礼儀正しい人がいたり、素っ気ない人がいたり、思いやりに溢れた人がいたり、そうでない人がいたりするのと同じだ。

「ホームレスだから」という色眼鏡で相手を見ているかぎり、彼らの本質は見えてこない。反対に、私と彼らの間に〝お互い人間同士〟〝共に農作業をする仲間〟というフラットな関係が築けたとき、彼らの中でよい変化が起こり、自立への一歩を踏み出せるようになる。そういったことが、ホームレスとの関わりの中で徐々にわかってきた。

ホームレスの中にも労働意欲の高い人はいて、そういう人たちが農に出会うと有能な働き手となり得ることがわかった。農園で必要とされていることが、彼らの自信につながった。手をかければかけただけおいしく育つ野菜たちは、彼らに充実感と達成感を与え、さらなるやる気をもたらした。

彼らの変化を目の当たりにすることで、私の中で「この道は間違っていない」という確信は強くなっていった。だから、苦しいことや困難があっても投げ出さず、コツコツとホームレスに農業を教え続けることができたのだと思う。

そして私自身も彼らからたくさんのことを教えてもらった。

「どんな境遇でも人は変わろうという意思を持ち、努力すれば変われること」や、「人生は何度でもやり直せる」ということだ。

そうするうちに、わが農園から地方の農家へ働きに出る仲間も出始めた。活動がメディアの関心を呼び、「ホームレス農園」としてテレビや雑誌の取材を受けるようになったのも、この頃だ。

ホームレスが社会復帰に向けて働く農園だから「ホームレス農園」。おそらく日本中を探しても、ホームレスに農業指導をしている農園はそう多くはないだろう。

ただ、この「ホームレス農園」という呼び方は、厳密に言えば現在の農園の実情からすると正確でない。というのも、今はホームレス以外にも生活保護受給者や引きこもりなどにも門戸を開いているからだ。

この活動を通して、意欲のある農業者を多く輩出できたら、日本中の田畑に若い働き手が増える。若い発想力とパワーで、農業界に新しい可能性が開かれるだろう。

農家はかつては世襲制の世界だったが、これからは誰もが農家になれる時代だ。農業が職業選択のひとつとして加われば、日本の雇用問題にも一石を投じるに違いない。

この本では、私がこれまでやってきた〝職と農をつなげる〟取り組みの詳細について、また、この活動がもたらすだろう未来像について、まだまだ旅路の途中ではあるが、お話ししようと思う。

農園で生まれる数々のドラマや、私自身の悩みや葛藤の部分はドキュメンタリーとして読んでもらえると思う。

もともと起業を目指していたというわけではない私の、単なる思いつきがひとつのビジネスとして成長する過程は、起業を考える人にとっての何かしらのヒントになるかもしれない。

そして、農に興味のある人にとっては、きっと明るい未来を予感してもらえる内容になっているはずだ。

今の自分を変えたいと思っている人、「農」を始めたいと思っている人、何らかの起業をしたいと思っている人たちの背中をそっと押せるようなお話が、この本でできればいいと思っている。

増補改訂版刊行によせて

２０１４年に本書を出版したときは、第6章（私が就農の促進と農業界の活性化を目指してＮＰＯ法人『農スクール』を立ち上げたところ）で話が終わっていた。読者の中には「あれから小島はどうなったかな」と、気にかけてくれた方もいたかもしれない。

今回、河出書房新社から「２０１９年の今、新たに最新の情報を加えた増補改訂版を出しませんか」とお声がけをいただき、その後の取り組みを語る機会に恵まれた。

実はこの5年間で、私のやってきた様々な取り組みが、少しずつ社会に認められるようになってきた。たとえば、農林水産省が推進する「農福連携」の事例として紹介され、講演会に呼ばれるようになった。

自治体や自立支援事業者の依頼で、農業を活用した就労訓練プログラムも提供している。

就労訓練とは、生活困窮者自立支援法に基づき、自治体やその委託事業者が運営しており、働きづらさを抱える方を対象とした、一般就労を目指した支援のひとつである。

長期離職者、引きこもり、心に問題を抱えていたり、精神疾患を抱えたりする方、生活保護受給者など、多様な背景を持つ方々が主な対象となる。

私がやってきた〝職と農をつなげる〟取り組みと近いことから、私の経験や知見をプログラムとして役立てたいとお声がかかった。

ちょっと毛色の違うところでは、農作業を活用した企業の新人研修も行っている。農業体験を通して、チームワーク向上やモチベーションマネジメントなどを学べるプログラムを作り提供しているのだ。

これらの新しい取り組みについては、「第7章」に詳しく書いてあるのでお読みいただきたい。

なお、増補改訂版を出すにあたって、一部をのぞいた文中の図表やデータは最新のものに差し替えた。

目次

第3章 農業界とホームレスをつなげる

第4章 生活保護のほうが〝マシ〟？ 農業研修に新たな壁

第5章 就農第1号が誕生！ そして見えてきた次の課題

第6章

「ホームレス農園」は今、さらなるステージへ

第7章

多様化の時代へ 畑は日本の近未来を映す鏡

企画・編集　ナイスク（http://naisg.com）
ブックデザイン　AD.渡邉民人、D.小林麻実（TYPEFACE）
著者写真　柿崎真子
取材協力　皆川智之（ＮＰＯ法人ふれんでぃ）
榊　浩行（農林水産省）
瀬名波雅子（ＮＰＯ法人ビッグイシュー基金）

第1章

藤沢市にはホームレスが輝く農園がある

私の仕事は農。呼吸するように畑に出て野菜を作る

　神奈川県藤沢市の田園地帯の一角に、私の職場である農園がある。毎朝、自宅から愛車の赤い軽自動車に乗って、農園に出るのが私の日課だ。晴れの日はもちろん、雨の日も風の日も、暑い夏の朝も凍(こご)える冬の朝も、私は私を待つ野菜たちの元へ行く。そして、太陽や風や土の匂いを全身で感じながら、種苗を植えたり、雑草を刈ったり、添え木を立てたりして野菜たちの世話をする。

　畑仕事は私にとって、特別なことでも大変なことでもない。みんなが当たり前にごはんを食べたり呼吸をしたりトイレに行ったりするのと同じように、私にとって畑仕事は「当たり前のこと」であり「生活の一部」なのだ。だから、畑仕事ができない日は、本当に調子が出ない。他の用事をしながらでも、早く畑に出たくてウズウズしてしまう。

　畑にいるとき、私は一番私らしくいられる。子どもの頃から慣れ親しんだ畑は、私にとって故郷なのだ。海辺で育った人が潮の匂いに癒されるように、山で育った人が緑の匂いに誘われるように、私は土の匂いで解放される。特に、人気のない早朝や夕方にす

る畑仕事が好きだ。1人で黙々と作業していると、とても心が静かになり満たされる。

たとえば、嫌なことがあったときは、落ち込んだ気分で野菜と向き合うことになる。最初はウジウジといろんなことを考える。「あのとき、ああ言えばよかった」とか「こうすれば違っていたかも？」というように。でも、細々と手を動かして雑草刈りをしているうちに、次第に雑草にだけ意識が向いて他のことを考えなくなる。ふと気づくと1時間以上も経っていて、「あれ？　そういえば私はさっきまで何で落ち込んでいたんだっけ？」となるのだ。

あるいは、悩みごとがあるときは、眉間にしわを寄せて野菜たちと向き合うことになる。「何をすべきか」「どっちを選択するべきか」とあれこれ考える。ところが、畑で野菜や小さな虫たちを見つめているうちに、そういうことが何だか「どうでもいいこと」「些細な問題」のように思えてくる。

野菜たちは生きている。小さな虫たちも生きている。こんな大きな世界でも迷うことなく、せっせとただひたすらに生きている。彼らは生きることに疑問を持たない。その姿を見ると、「私も一生懸命、生きなくちゃ。こんなことで悩んでいる場合じゃない。大事なのは〝すべき〟じゃなくて、やりたいかどうかだ」と本質が見えてくるのだ。

むしゃくしゃするときは、夏の夕立もいい。雨の中をレインコートも着ずに、わざとずぶ濡れになって作業をする。雨が上がる頃には、イライラした気分も汗や雨と一緒に洗い流されてサッパリだ。

人を落ち着かせたり、自信を取り戻させたりといった畑の恩恵は、私にだけでなく誰にとっても同じようにもたらされる。もちろんホームレスにもだ。

まったくやる気のなかった人が、畑作業をするうちにその楽しさに目覚め、自分から率先して動くようになったり。「どうせ自分は仕事に就くなんて無理」と諦めがちだった人が、「将来は農家になる」と希望を抱いたり。そういった自己変革は、程度の差こそあれ、農園に来るすべての人に見られる。

畑とは、自分自身を見つめ直せる場であり、新たな気づきや発見をもたらす場であり、さまざまなことを学ばせてくれる場なのだ。

目指す農のテーマは「食べる・作る・学ぶ」

ホームレスとのいろんなエピソードをお話しする前に、私が今やっている取り組みについて、その内容を説明しておきたい。

私が「農」を通してやりたいことは、とてもシンプルだ。ひとつは、「おいしい野菜をみんなに食べてもらうこと」。ふたつめは、「自分の手で野菜を作ること」。みっつめは、「野菜作りを通してさまざまな学びを得ること」。

まず、「おいしい野菜を食べてもらう」ために、私は『株式会社えと菜園』という会社を立ち上げ、農家直送のオンラインショップ「えと菜園」を運営している。私の故郷である熊本の16軒の提携農家さんから、栽培法にこだわったオーガニック認証のお米や小麦、無肥料・農薬不使用栽培野菜、オーガニック小麦を使用した防腐剤・牛乳・卵・バター不使用のベーグルなど、全国的に見ても高いレベルで安全性にこだわり抜いた農作物を、お客様の食卓に直接お届けするサービスだ。

他にも、神奈川県藤沢市にある『くまもと湘南館』という直売所で、野菜を売ることもある。また、お祭りやイベントに参加して販売したり、スーパーに野菜を置いたりもする。馴染みのお客様には直接畑に来てもらい、野菜を収穫してもらうこともできる。

今の日本は「食卓」と「野菜や米作りの現場」との距離があまりにも遠くなってしまった。自分たちが食べているものが、どんな場所で誰によって作られたのか、どんな育て方をされたのか、まったくわからず口にしている人がほとんどだろう。自分が日々、口にしている食品が安全だと自信を持って言える人が果たして日本に何人いるのだろうか。

離れてしまった食卓と農作物生産の現場とを少しでも近づけたい。そして、毎日の食事を安心して食べてもらいたい。そんな思いからオンラインショップ「えと菜園」は生まれた。

次に、「自分の手で野菜を作る」ために、私は『体験農園コトモファーム』を運営している。この体験農園も『株式会社えと菜園』の事業のひとつだ。『コトモファーム』は湘南藤沢と横浜片倉の2カ所にある。私自身も農園で野菜作りをしながら、同時に一般の人に向けての野菜作り体験教室も行っている。

畑仕事を体験してみたくても、できる場所がないという人たちに農園に来てもらい、そこで野菜作りをしてもらう。講習は毎週日曜日だ。私たちが参加者に指導をする。

体験農園は『コトモファーム』に限らずとも、全国にたくさんある。最近は趣味で野菜作りを始めたり、退職後のセカンドライフに本格的な農業を始める人も多いと聞く。都内の住宅地にもポツリポツリとレンタル農園があったりするので、体験農園自体はさほど珍しいものではないだろう。ただし、うちの農園が他の体験農園と違うのは、毎週、野菜作りの技術を身に付けてもらうための講習を実施し、お客様が野菜を収穫できるまで徹底サポートしていることだ。

青空の下、農作業にはげむ人々

『コトモファーム』では、人間が文明の利器や技術で野菜を〝作る〟より、自然の力をお借りして、植物を人間が食べられる状態にすることを〝作る〟と捉えて栽培に取り組んでいる。肥料や農薬を一切使わず、土と水と空気と太陽だけで作物を育てているのだ。
自然の中で野菜がどのように育ち、どんな花や実をつけるのか。自然の力だけで育った作物がどんな味がするのか。そんなことを気軽に学んでもらえる。
体験農園を作って今年で4年目になるが、今では神奈川県内はもちろん東京都内各地からも「野菜作りをやってみたい」という人たちが大勢集まってくる。「子どもに野菜作りを経験させたい」と訪れる若い家族もいれば、「老後の趣味に」とやってくる壮年の夫婦もいる。農業を専門に学ぶ学生が勉強の一環としてくることもあるし、「元気な野菜を食べて、自分も元気になりたい」という願いを持ってくる人もいる。

野菜作りの最初は畑の「土作り」から。地面を柔らかく耕し、畝を作る。そして、そこに種をまき、苗を植える。土の上にパラパラとまくだけの種もあれば、穴を掘って埋める種もある。種によって穴の深さもいろいろだ。多品目を植える場合は、野菜同士の相性を考えて植える場所を工夫する。そんなことをひとつひとつ説明しながら、みんなで種をまき、苗を植えるのだ。

ほうれん草やレタスが種から育つことを初めて知る子どもも多い。いや、大人でも野菜のことを知らない人がたくさんいる。

じゃがいもは種イモとなるじゃがいもを土に埋めておくと、そこから根と芽が出て、根っこの部分に新たなじゃがいもがいくつもできる。にんじんは地中にできる。捨てられてしまうことの多い葉っぱも、本当はおいしく食べられる。ナスはきれいな紫色の花を咲かせる。きゅうりは収穫を忘れると、1日でヘチマみたいに大きくなる……など、スーパーで野菜を買うだけではわからないことが、農園ではたくさん学べる。

無肥料・農薬不使用の栽培では、野菜が一人前に育つまでとても手がかかるのも特徴だ。既存の農業は雑草を抜きすぎるが、私の農園では除草剤を使わないので雑草が生えやすい。雑草を生かすと、朝露がおりて水分補給になるし、霜も防いでくれる。

また、この栽培法は肥料を使う栽培より育つスピードが遅く、大きくもなりにくい。色形や大きさも不揃いになりがちだ。スーパーの店頭に並んでいるような、色も大きさも形も整った〝お行儀のいい〟野菜たちのようにはいかない。

その代わり、この栽培法でできた野菜はとても元気な味がする。野菜本来の香りや瑞々しさ、旨味や苦みや酸味、独特のクセ……けれど、化合物特有のエグミはない。そういった〝自然の味〟は一度食べると忘れられないものになる。

農薬や肥料を使って効率的に育つ野菜がエリートだとすれば、無肥料・農薬不使用で育つ野菜は野性児だ。見た目は必ずしも格好がよくないが、逞しくてスクスクと健康に育つ。体験農園では畑で収穫した野菜で参加者たちとバーベキューをしたりするが、それは〝あるがままの野菜の味〟〝収穫したての野菜のおいしさ〟を知ってほしいという思いもあってのことだ。

自分で作った野菜を食べるみんなの顔は、とても誇らしく満足げで、輝いている。そういう表情を見たくて、私は体験農園を続けているのかもしれない。

さて、みっつめは「野菜作りを通して学びを得る」だ。ホームレスや引きこもり、生活保護受給者たちが、農を舞台に一歩前進できるような、農プログラムを実施している。『コトモファーム湘南藤沢』には、農園とは別にこの就農のためのエリアがあって、研修生みんなで協力しながらさまざまな野菜を作っている。うちにくる研修生はみんな複雑な事情や背景を持った人たちなので、一筋縄ではいかないこともあるが、それでもどうにか前に向かって進んでいる。

では、この就農支援プログラムで具体的にどんなドラマが生まれているか、その一例を紹介しよう。ただし、個人の事情に配慮し、名前や職業などは適宜、変更してあることを先にお断りしておく。

畑にくることで自分を変えつつある元ホームレスの男性

田中（仮名）さんは40代の男性だ。彼は高校を出てすぐ上京し、工場で働き始めた。その頃はまだバブルの名残で給料もよく、何不自由のない生活をしていたという。4年ほどして工場を辞めた後は、知り合いを頼って工務店で働くことになった。小さな工務店だったこともあり、基礎工事から内装まで何でもさせてもらえたそうだ。おかげでガスと水道の配管さえ業者にやってもらえれば、その他はひとりででも家を建てられるほどに腕を磨くことができた。

だが、その工務店が倒産してしまう。その頃から、田中さんの人生の歯車が狂い始めた。派遣で仕事を得て職員寮に入り、2年働いたところでリーマンショックが起きた。田中さん含む派遣社員は真っ先に解雇された。そうなると、寮も出ていかなければならず、田中さんは一気に仕事も住む家も失ってしまった。

しばらく駅で野宿をして暮らした田中さんは、電車に乗る運賃さえなく、市役所まで何時間も歩いて相談に赴(おもむ)いた。そこで幸いにして生活保護を受けることができ、支援団体ともつながることができた。今、彼はその支援団体の紹介で農園に通ってきている。

最初の頃、彼は無気力で部屋に引きこもる生活をしていたという。でも、引きこもってばかりいても事態が好転することはない。「このままではいけない」と思い立ち、田中さんは「外に出てみよう」という気になった。

田中さんが外に出るきっかけとして選んだのが、うちの生活困窮者への就農支援プログラムだった。実は、田中さんの実家は農家で、子どもの頃、少しだけ畑仕事を手伝った記憶があるそうだ。そんな経験から、「これなら自分にもできるかも」と思ったのかもしれない。あるいは、昔を懐かしむ気持ちがあったのかもしれない。

畑に来たのは2014年3月のことだ。彼の第一印象は、物静かで表情が暗く、活気が感じられなかった。私は「何か深い悩みがありそうだな」と直感した。

田中さんの働きぶりは真面目で、自分から率先して動くタイプではないが、地道に野菜と向き合う作業は向いているように思えた。だが、田中さんが頑張ろうとする気持ちの一方で、心の病が彼に重くのしかかっていた。

私が彼の発作を見たのは、畑に来てわりとすぐのことだった。みんなで農作業をしているときに何の前触れもなく突然、パニックのようになり倒れ込んでしまったのだ。

驚いて駆け寄ると、息が荒く顔面蒼白で、意識がもうろうとしている。消えそうになる意識で、何かにひどく脅えて不安がっていることは、その表情から読み取れた。

「田中さん！　大丈夫ですか？　聞こえますか？」

私はとにかく彼を安心させるべきだと思い、一生懸命呼びかけた。

「私もみんなもそばにいますよ！　絶対離れたりしません。ここにいるから安心して！」

田中さんに何度も何度も呼びかけると、次第に田中さんの呼吸が静かになり、顔色が戻ってきた。ホッとした。

後から本人に聞くと、仕事を失いホームレスになったこと、てんかんとうつ病になってしまったこと、いつ発作が起こるかわからないから、怖くて外に出られないこと、発作が起こると死んでしまうような気がすること、発作を誘因する原因がわからないから予防のしようがないこと、病院に通っているが全然回復する様子がないことなどを打ち明けてくれた。

その後も田中さんは畑で何度か、発作を起こしている。彼の発作の場合、不安やパニック、意識がもうろうとするだけでなく、なぜか発作が起きている間だけ言語に障害が出る。文字が読めなくなったり、言葉の意味がわからなくなったりする。時には完全に意識を失って倒れてしまうこともある。

発作が起こるたびに、私たちは田中さんに「ここにいるよ」「大丈夫だよ」と言葉をかけ続ける。田中さんが恐怖に飲み込まれるのを、少しでも引き止めたいからだ。田中さんも自分で自分に「大丈夫」と言い聞かせ、何とか踏みとどまろうとしている。そんな毎日のくり返しだ。

こんな田中さんだが、畑作業には一度も遅刻も欠席もしたことがない。彼は「休まずにプログラムを最後までやり遂げること」を自分自身に課して、それを必死に守ろうとしているのだ。

だが、彼の「頑張りたい」という熱意とは裏腹に、持病のうつ病が再燃することもある。先日も田中さんから私の携帯電話に「死んでしまいたい」という連絡が入った。「自分なんて存在意義がない」という彼に、「田中さんは人よりつらい思いをしている分だけ、人に優しくなれる。それだけでも充分、存在意義があると思う」と伝えた。彼が少し落ち着きを取り戻すのを待ってから、農園で会うことを約束した。

私は田中さんに手紙を書いた。田中さんに生きていてほしいという思いのたけを綴るのに精一杯で、乱文になってしまったが、翌日それを読んだ田中さんから「手紙のひと言ひと言に涙が出た。もう少し頑張ってみる」との答えが返ってきた。どうにか自殺を思いとどまってくれたことに安堵すると同時に、私は「前と同じ失敗をくり返さずに済んでよかった……!」と胸を撫で下ろした。

実は、数年前に農園に通ってきていたある元ホームレスの男性が、今回の田中さんと同じようなSOSのサインを出していたことがあったのだ。農作業のとき、何か私に話したそうな素振りを見せていたのだが、そのときの私は「大したことではないのかな?」と思ってうかつにもスルーしてしまった。すると、彼はうつの波に飲まれて自室に引きこもりとなり、農園にくることができなくなってしまった。

今回の田中さんも研修のとき、何か話したそうな雰囲気を醸し出していて、私は「あれ？　いつもと様子が違うな」と思ったのだ。彼が発するサインを見逃さずにキャッチできていたことで、田中さんからの電話にすぐに出ることができた。以前と同じ失敗をくり返していたら……と思うと、ぞっとする。

田中さんの歩みは一進一退で、傍（はた）から見れば、全然前進しているようには見えないかもしれない。でも、私たち畑のメンバーは彼が確実に前進していることを知っている。そして、田中さん自身も紆余曲折はあるにせよ、自分の中に起きている変化を少しずつ実感しているようだ。

田中さんが書いたワークノートを紹介しよう。ワークノートは毎回の研修の後に振り返りをしてもらうシートのことだ。そこには、農作業を通して学んだことや自分自身が変わったこと、これからの目標などを書くようになっている。

以下は田中さんのワークノートからの抜粋だ。

『農作業を通して学べたこと……農業は大変だけど大切な仕事です。人間が生きるうえで欠かせない仕事です。生半可な気持ちではできないと思う。きつい、きたない、儲からない仕事なので若い人はやりたがらないかもしれないが、誰かがやらなければならない大切な仕事だということが学べた。』

『自分が変わったこと……自分は精神疾患があり、薬をたくさん飲んでいる。人とも話せない。でも、ここにくるようになって、人との会話が増えた。薬も少しだが減っている。ここにこなければ、昔のままの自分だったと思う。』

『これからの目標……研修は後何回もありませんが、農園に通い続けることで今の自分を変えたい。最後までやり通して自信を付けたい。前向きになりたい。ここにくることを目標に変わっていきたい。』

田中さんは、いつ発作が起きるかわからない恐怖、人に迷惑をかけてしまうという負い目、この病気からいつ抜け出せるのかわからない絶望感……そんなものと闘いながら、今日も畑に出てくる。彼の気持ちを思うと切なくなる一方で、私は彼の勇気に頭が下がる思いがする。自分に負けまいと踏ん張る田中さんを、私は誇りに思っている。私が感じているような誇りを田中さん自身が感じてほしいと願っている。

「食」と「職」を叶える「農」

ところで、私がホームレスたちに農をすすめるのには理由がある。農にはいくつもの優れた点があるからだ。それを順番にひとつずつ見ていきたいと思う。

まず、農のいいところは、①「自分で野菜を作って食べられる」点だ。

野菜は種や苗さえ買えば、後は基本的に自然が育ててくれる。種や苗は品種にもよるが、たいていは安い値段で手に入る。1年目にできた作物から種を取っておけば、次の年は費用をかけずに同じ野菜を作ることもできる。

自分が食べる分や多少人に売るくらいなら大がかりな設備も機械も要らない。つまり、元手をほとんどかけることなく、野菜作りを始められるのだ。お金をかけなくていいというのは、ほとんど資金を持たない人にとっては魅力だ。

さらには、できた作物で自分のお腹を満たすことができる。農をやっていれば究極、雨露をしのげる家さえあれば飢え死にすることはない。〝お金はなくても食べてはいける〟のはとても心強いことに違いない。

野菜を作るための農地は借りなくてはならないが、それも今の農業界ではハードルが徐々に低くなっている。

2014年から、農林水産省では「農地集積バンク」という活動をスタートさせた。

農地集積バンクとは、高齢化した農家や農地を相続しても耕作しない「土地持ち非農家」などの農地をバンクに集め、新規に農業を始めたい人や企業に貸し出す新組織のことだ。これによって非農家であっても農業を始めやすくなった。

農地集積バンクは全国47都道府県に、すでに創設されている。

次に農のいいところは、②「自然に癒される」ことだ。

私が農をやる理由のひとつも、これだ。土や風、作物や虫たちと向き合っていると、〝浮世〟を忘れてリラックスできる。人間関係に傷ついたり、疲れたりした人にはおすすめだ。

うちの農園に来ていた元ホームレスの例では、常にイライラして、人にも強く当たりがちだった人が、畑に通ううちに精神的に落ち着き、畑のメンバーと穏やかに談笑できるようになった。他にも、すべてに無気力だった人が、「畑にくるのが楽しみだ」と言って、研修が始まる1時間も前からスタンバイするようになった。あるいは、自分たちで作った野菜を食べて「うまい！」と頬を緩ませ、今まで疎(おろそ)かになりがちだった〝食べることの喜び〟を思い出して、本来のその人らしい表情を取り戻す人も多いのだ。

研修生の中には、家に引きこもりがちで人とほとんどしゃべらない人がいる。こちらが話しかけてもちょっと頷くくらいで反応は薄く、目も合わせないし口も固く結んだままだ。そういう人が農作業をしながらだと、なぜか自分から口を開く。身の上話をポツリポツリとしてくれたりするから不思議だ。

スクール参加者が私のところにやってきて、興奮した面持ちで「研修生のAさんの声、初めて聞いた！」と報告してくれたことがある。作業をしていると、普段は絶対しゃべらないAさんが「これは、どうすればいいですか？」と尋ねたというのだ。驚いて顔を見上げると目を逸らされてしまったようだが、それでも「たしかに声を聞いた」と喜んでいた。

話しベタな人は、人と面と向かって話すと相手の反応が直で返ってくるから苦しくなってしまう。けれど間に土や野菜や虫たちを介することでそれがクッションになり、相手の反応を気にしすぎずに話せるようだ。

畑仕事は人間関係のリハビリにも効果的なのだと思う。

さらに農のいいところは、③「一生続けられる仕事や趣味になる」点だ。

農家では70代、80代でもまだまだ現役がたくさんいる。一般企業ではリタイアに当たる60代がちょうど脂の乗った働き盛りだ。ハローワークに行っても40代になるとほとんど仕事が見つからないと聞くが、農業界で40代といえば若手であり、希望の星になれる。農家になるのに特別な資格が要らないのもいい。農業の経験と知識と動ける体さえあれば、誰でも農業をすることができるのだ。

たしかに肉体的にきついこともある。その一方で、自分のペースで続けられる面もある。特に自営農家になれば、ノルマは自分で決められるから、マイペースな人にはもってこいだと言える。

体力的にしんどいと思えば、畑の規模を小さくしたり、作る野菜の種類を減らしたり、機械を導入して人間がする労作を軽減したりすればいい。

無肥料・農薬不使用での野菜作りは手がかかると言ったが、それは立派な野菜を作ろうとする場合だ。人間が何もしなくても勝手に作物は育ってくれるから、手をかけなければかけないでも、それなりには成長する。自分が食べる分だけ育てたり、趣味で野菜作りをしたりする分には、無理のない範囲で楽しんで作ればいい。

また、農をおすすめする理由として、④「食べた人に喜ばれる」ことも大きい。おいしく作れば、食べた人から笑顔が返ってくる。私も「あなたの作る野菜が好き」とか「あなたの野菜を食べてから体調がいい」と言ってもらえると最高に嬉しい。自分が好きで作ったものを、人にも好きになってもらえるなんて、幸せなことではないか。好きでやっている野菜作りがそのまま、社会貢献や自己実現につながるのだから。

ホームレスや生活保護受給者、引きこもりの中には、自分自身に失望している人が本当に多い。自分は役立たずだとか、人生の敗者だとか、いても邪魔になるだけだと勝手に思って、自分を肯定できなくなっている人がたくさんいるのだ。それはこれまでの人生で大きな失敗を味わったり、人からそう言われたり、努力が報われなかったりした経験からだと思う。

彼らは人から褒められた経験が極端に少ない。だから、自分をダメだと決めつけ、自分自身に期待しない。でも、農では作物を作れば人から「ありがとう」が返ってくる。「ありがとう」という言葉には、「あなたがいてくれたおかげ」という意味が込められている。他人から存在を認められ、感謝される体験は、本人の心をよい方向に変えるものだ。

農を通じてたくさんの「ありがとう」のシャワーを浴びれば、きっと自分に自信が持てる。自信さえ取り戻すことができれば、いろんなことに前向きに取り組めるようになるはずだ。

そういう意味で、農には人生を再生する力がある。

さらに、農のいい点として、⑤「体を使って健康になる」ことがある。

農作業は足腰が強くなるし、肥満にもなりにくい。私の身近には痛風が治ったという人もいる。

私もよく食べるほうだと思うが、しっかり1日3度ずつ食べないと体が持たない。というより、意識して多く食べるくらいでないと逆に痩せてしまって困る。健康的にダイエットするには、農作業は最適なのだ。

体を動かすと脳にもいい効果があり、うつ病になりにくかったり、認知症になりにくかったりすると聞く。

研修生たちを見ていて感じるのは、気分が塞ぎがちの人が多いということだ。家から出ることも体を動かす機会も少ないので、自律神経のバランスが崩れ、精神の安定を欠きやすいのではないかと思う。

畑仕事は朝日を浴びるので体内時計のスイッチが入る。労作で体力を消耗するので夜はぐっすり眠れる。動けばお腹が空いて食べものがおいしく感じられる。食べて動けば腸の動きもよくなって排泄リズムが整う。

こんなふうに、体にとっていいこと尽くめだ。

「農業の健康効果」については、国が行った調査でも、その効果が明らかになっている。老人医療費と65歳以上の有業率、農業者率の関係を調べた結果、有業率が高い県（長野、山梨等）は総じて全国平均に比べ1人当たり老人医療費が低い傾向にある。さらに、農業者率が高い県（鳥取、長野、岩手等）も、全国平均に比べ1人当たり老人医療費が低い傾向にある（厚生労働省、総務省調べより）。

心身の健康を取り戻したり、維持したりするのに、農作業はうってつけだ。

最後にひとつ大事な点を挙げておかなくてはならない。それは、⑥「農業にはまだまだ大きな可能性が広がっている」ということだ。

農業をやらない一般の人たちの間には、「農業の未来は暗い」というイメージがあるようだ。大した儲けにはならないとか、天候不順でせっかく育てた作物がダメになってしまうとか、あるいは、高齢化が深刻で後継者がおらず、将来的には先細りする産業だとか。

そういった負のイメージは、新聞やニュースなどの報道のされ方によって現実以上に強調されている節があるように思う。

もし本当に農業で生計が成り立たないのであれば、農家はとっくに廃業をしているはずだ。でも、実際には親子何代にもわたって農家を続けている家が多い。これは、農家が儲からないわけではなく、儲けの多い年も儲けの少ない年もあるが、それなりに利益が維持できるやり方があることを示している。

ある年は豊作で作物の出来がよく、高く売れたとする。でも、利益を上げて喜んでいる農家のことはあまり報道されないものだ。その翌年、同じ農家が台風で作物がダメになり、ほとんど利益が見込めなかったとする。逆にこういうときは、テレビや新聞で大きく報道されがちだ。

報道は真実を伝える有効な手段であるのだが、報道だけで100%の真実を伝えられるわけではない。だから、農家の一側面だけを見て、「儲からない、きつい仕事」と思い込むのはよくない。農家の中には、ちゃんと毎年採算が取れ安定的な経営を維持している家もたくさんあることを知ってほしい。

農業界の高齢化については、これは紛れもない事実だ。日本の農業従事者の平均年齢は66歳を超えている。農業従事者の年齢層が高いと言われるアメリカでも、65歳以上の高齢者は25%ほどだが、これが日本になると61%を超えてくる。世界的に見ても異常な比率だ（農林水産省調べ）。

ただ、だからといって農業界が先細りなわけではない。私はいろんな農イベントに招かれて講演やプレゼンをする機会があるが、そういう場に集まってくる人たちには、大学生や若い世代の社会人も多い。彼らは農に高い関心があって、将来的には農業界に参入し、何か新しいことをやってやろうと考えている人たちだ。

日本の農業界は今、世代交代がさかんに叫ばれていて、いろんな面で若い人材を受け入れる態勢を取っている。たとえば、農業大学校に通うための入学料や授業料はほとんど全額サポートしてくれる国の制度がある。また、新たに農業経営を開始する若者には、最長5年間にわたって年間150万円の給付金がもらえる制度もある。先ほど言った「農地集積バンク」もそうした取り組みの一環だ。

日本では、これから農業を始めようとする若いパワーが集まりやすい環境が整っていると考えていい。

P43のグラフを見てほしい。

グラフ1は、新規就農者の動向を示したものだ。一番下の折れ線が49歳以下の新規就農者で、ほぼ横ばいで推移している。新たに農業を始める若い世代が、一定数は確実にいるのだ。

さらに、その若い世代の新規就農者の構成を調べたのが、グラフ2だ。

グラフ2の一番上のラインは新規自営就農者を表す。新規自営就農者とは、主に農家世帯の息子や娘が親元に帰り、新たに働き手として加わったという意味だ。これもわずかだが増えている年もあり、大きく減るようなことはない。

まん中のラインは、新規雇用就農者を表している。新規雇用就農者とは、新たに農業法人に雇われて働き始めた人たちだ。平成25年あたりで少し減ってはいるもののおしなべて増加傾向にあり、新規就農者の3分の1強を占めていることには変わりがない。この新規雇用就農者のうち8割は非農家出身者からの雇用だといわれている。つまり、毎年一定数は非農家からの新規雇用があるということだ。

そして、一番下のラインは新規参入者を表す。新規参入者は非農家出身者で新たに農業を始めた人たちで、これはなんと平成23年から平成29年まで順調に増えてきている。全体から見れば小さな実数かもしれないが、約2倍になったことの意味は大きい。

農に関心を持つ若者たちが確実に新規参入したり新規雇用されたりして、農家の仲間入りを果たしていることが、こうしたグラフからわかる。くり返しになるが、農業界が先細りなどということは決してないのだ。

農業界に若い担い手が増えていることの理由のひとつに、経済的な支援や「農地集積バンク」を挙げたが、実はもうひとつ大きな理由があると考えている。それは、農業はとても自由度の高い産業であり、自分の力で働き方や経営のやり方を切り拓いていける、

グラフ1 新規就農者の動向

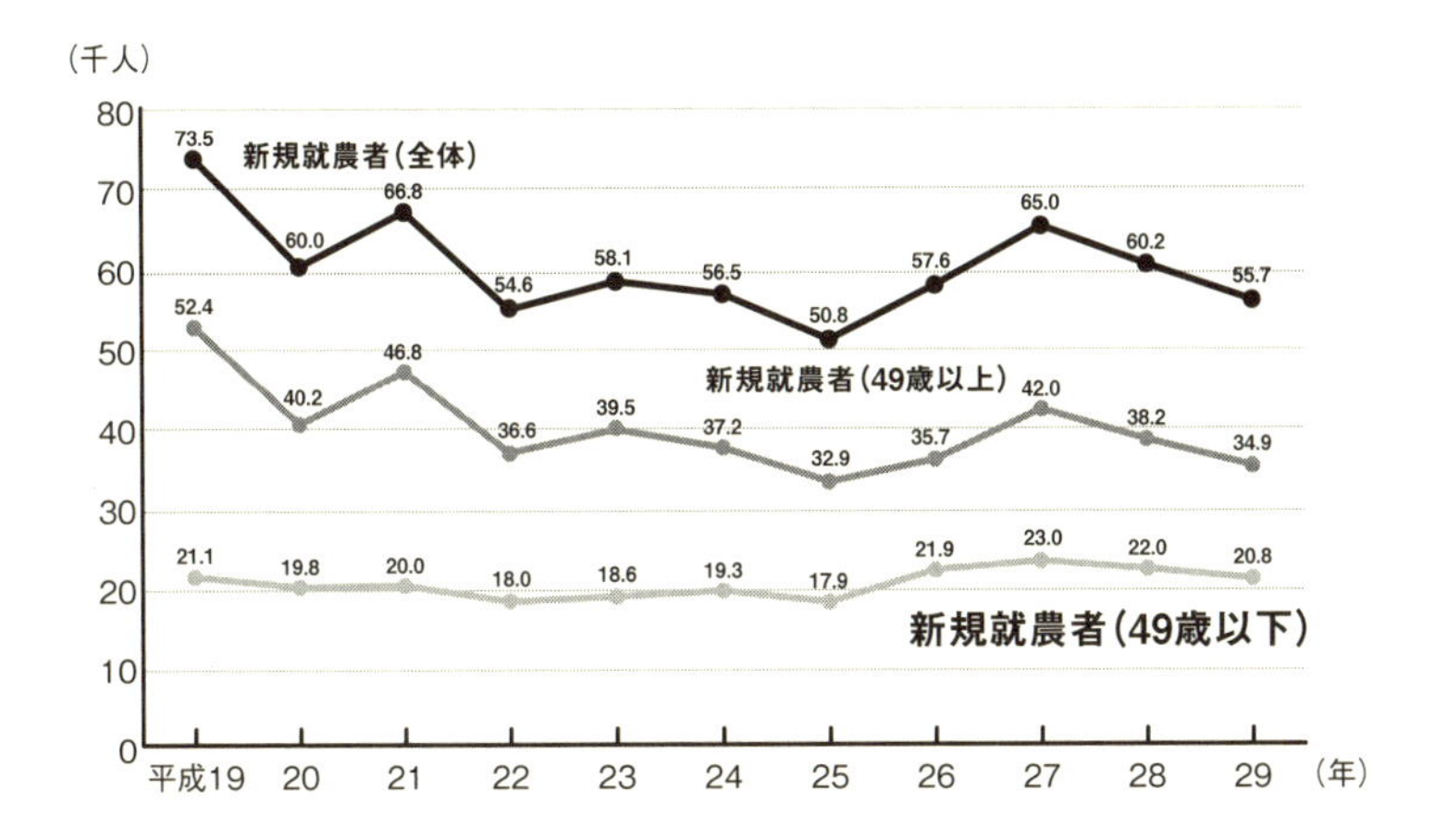

グラフ2 49歳以下の新規就農者の動向

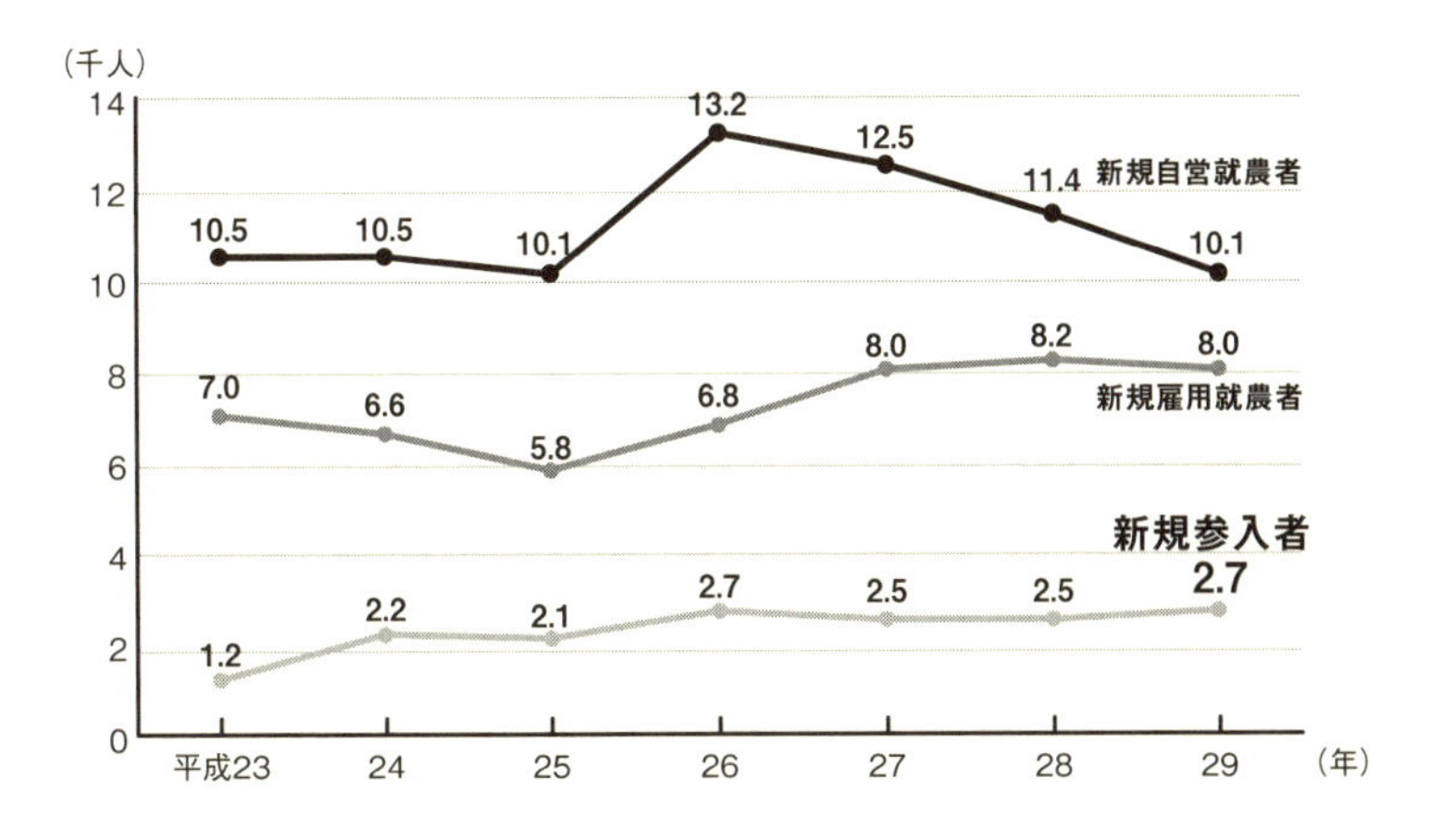

資料：農林水産省「新規就農者調査平成29年」より作成

「意欲」の高い若者に向いている仕事だという点だ。

自営就農すれば、自分のアイデアを自由に形にすることができる。自作の野菜をブランド化して打ち出すこともできる。農協を通しての販売だけでなく、特定のレストランや個人の顧客に直販するなど自分で新たな販路を作ることだって可能だ。

努力と工夫次第で、いくらでも望む経営が実現できるというのは、やる気とアイデアに溢れた若い人たちにとって魅力的に映るのではないだろうか。「決められた仕事をするサラリーマンより、ずっと自分の能力を活かせるし、夢もある」と言って農業に挑戦する若者が私の周りにも多くいる。

農業のいいところをざっと6点ほど挙げてみた。

農業はこの時代おすすめの職業だと思う。

第2章

私が「農」を始めたワケ

どうしてうちだけ農家じゃないの？

私がなぜこんなにも農業が好きなのか。それは、生まれ育った田舎での暮らしが原体験として深く残っているからだと思う。私がどんな町でどんなふうに育ち、何がきっかけで農家を志したのか、この章ではそんなことについてお話ししようと思う。

私の実家は熊本のとある農村にある。両親は2人とも学校の教師だったが、村ではわが家以外のほとんどの家が農家だった。農家には牛や馬がいたり、鋤や鍬などの作業道具があったり、コンバインやトラクターなどの重機があったりした。

私にはそれらがとても羨ましかった。

「どうしてうちだけ農家じゃないの？」

と親に尋ねたこともある。うちも農家だったらよかったのに……という残念な気持ちがあった。

私が特に好きだったのは、田んぼを耕すトラクターだ。隣りの家にあったトラクターは、タイヤだけで幼児の背丈より大きかった。私は親の目を盗んでは家を抜け出し、隣の納屋に忍び込んでトラクターによじ登った。運転席に座ってトラクターを操縦している気分になったりもした。私にとってトラクターは格好の遊具だったのだ。誤って転落でもしたら大ケガになると親も隣家のおじさんも口を酸っぱくして叱ったが、ワンパクな私はどこ吹く風で全然懲（こ）りず、次の日もまたトラクターによじ登る遊びをくり返した。

私は牛も大好きだった。しょっちゅう近所の牛舎に行っては、体を撫でたりエサをあげたりして牛と遊んだのを覚えている。おそらく私の中で一番古い記憶だと思うのだが、まだよちよち歩きの頃のこと。いつものように牛と遊んでいると、牛が私に「体がかゆい」と話しかけてきたように感じたのだ。それで、私は寄ってくるハエを追い払ってあげた。牛のお尻が私の頭のずっと上にあって、私は一生懸命腕を伸ばしてハエがこないように、お尻を叩いてあげた。なぜかそのワンシーンが今でも鮮やかに目に焼きついている。

こんなふうに、私は非農家の家に生まれたものの周囲がほとんど農家だったために、農家というものに強い親近感と憧れを抱いて育った。物心がつく頃には、「大きくなったら、みんなと同じように農家になる！」と思っていた。

それはとても自然な流れだったと思う。幼い私にとって「農」こそが一番おもしろくて格好のいいものだったのだから。今の子どもたちがゲームが好きだからプログラマーになりたいとか、サッカー選手がカッコイイからプロ選手になりたいというのと同じ感覚で、私は農家に憧れたのだ。

子どもの頃の私はとにかくワンパクだった。親に言わせれば「野生のサルのよう」だった。毎日、田んぼや畑で泥まみれになり、野山を駆けずり回っては生傷が絶えず、冒険心を発揮してはたびたび迷子になって親を心配させた。

そのおかげか、今でもケガはしにくいし、少々のきつい労働でもへこたれない体を持っている。農業向きの体の素地が、この頃に培われたのだろう。子どもの頃にワンパクをしておいてよかったと言うと、親に叱られてしまうかもしれないが。

街中で育った人にとって「農村」は、どんなイメージだろうか? 周囲には自然しかなく、退屈で不便なところだろうか。牧歌的で人々がのんびり暮らしているイメージだろうか。

私の田舎は本当に田畑にあぜ道、山や川くらいしかないところだった。カラオケやゲームセンターなど気の利いた遊び場は何もない。当時は家の中も質素なもので、生活必需品があればいいという感じだった。

それでも生活に不便だとか、物足りないと感じたことは一度もない。それが当たり前だったからと言えば、それまでかもしれないが、人々はみんな工夫と知恵で豊かに暮らしていたと思う。

たとえば、身の回りの道具は何でも自分たちで作ってしまう。ホウキギを束ねて箒（ほうき）を作ったり、竹ヒゴで籠（かご）を編んだり……。わら草履（ぞうり）などもほんの10分ほどで簡単に編んでしまう。隣のおじさんは、私たち近所の子どものために竹と小刀だけでひょひょいと竹トンボを作ってくれた。それがまた、よく飛ぶのだ。そういうのを見るたびに、「カッコイイ」と感動したものだ。私は素直におじさんを尊敬した。

みずみずしいスイカもすぐ身近にあった

食べものもおいしかった。丸々と肥えたトマト、どこまでも深い緑のほうれん草、包丁でちょっと切り込んだだけでパンと弾けるスイカ、精米したての艶やかな白米などなど……。都会では貴重な新鮮野菜が当たり前に食卓に並んでいた。あの頃は、それが贅沢だとは思いもせずに。

農村にはたしかに都会にあるようなものは何もない。でも、都会にはないすべてがある。人間関係も、生きる術も、自然と共存した営みも、私にとって必要なものすべてを故郷は私に与えてくれたと思う。

飢えで死ぬ子どもたちの映像が私の決意を強くした

小学校に入っても、私は相変わらずの〝野性児〟だった。学校に行っても、じっと机の前に座っていられない。しょっちゅう授業中に教室から抜け出して、校庭で遊んでいたこともあった。

ピアノも習っていたのだが、練習なんてほとんどしない。ピアノの先生が横を向いている間に脱走したことも一度や二度ではない。

ある日、ピアノの先生の元から脱走を図ったら、ピアノ教室の前に父親が鬼の形相で待ち構えていて、ビンタを打たれ、連れ戻されたことがある。後にも先にも父が私に手を上げたのはそのときだけだ。それくらい、父も母も私の落ち着きのなさに業を煮やしていたのだと思う。

そんな私だから、学校の勉強もからっきしやらなかった。だがある日、転機が訪れた。

小学2年生のとき、家の居間であるドキュメンタリー番組を見ていたのだ。すると、アフリカの飢餓で苦しむ子どもたちの映像が流れ始めた。子どもたちはみな一様にガリガリに痩せ、暗い目をしている。ポッコリと異様に大きく膨らんだお腹を突き出して、顔に止まるハエを追い払いもしない。

番組では、アフリカには子どもがたくさんいるが、そのうち大人になれるのは一握りで、大半は病気や飢えで死んでしまうと言っていた。自分と同じくらいの年齢の子どもたちが、日本では注射一本で治るような病気で命を落としたり、水さえも満足に飲めずにたくさん死んでいく世界があるのだと知って、私は強い衝撃を受けた。

私は堪らず、そばで一緒にテレビを見ていた母に、

「うちの冷蔵庫の野菜や近所のおじいちゃんたちが作った野菜を持っていきたい」と相談した。すると母は、

「この国は、地球の裏側にある国だから、食べものを持っていく間に腐ってしまう。希世子（きよこ）がアフリカの子に食べものを分けてあげたくても、簡単にはできないんだよ」

と言った。そして、こんなふうに続けたのだ。

「希世子があの子たちを助けてあげたいなら、アフリカに行って農業のやり方を教えてあげればいいんじゃない？　一時の食べものを分けてあげるより、食べものの作り方を教えてあげるほうが、きっと役に立つよ」と。そして、「アフリカに行って農業を教えるには勉強も大事。雨の少ない乾いた土地でも育つ作物を発明したりしなくちゃいけないからね」。

この母の一言が、私を目覚めさせた。「そうか、アフリカの子どもたちを救うには、まず私自身が勉強しなくてはいけないんだ！」と思った。

その日から、私は真面目に勉強するようになった。学校の授業もちゃんと受けたし、宿題も欠かさずやっていくようになった。相変わらず放課後は友だちと泥だらけになって遊び回っていたけれど、自分の中に「将来は農業をやって、世界の飢餓から人々を救う」という固い信念ができた。

剣道を始めたのも、この頃のことだ。食糧難の国に行くとしたら、過酷な自然環境と闘わなくてはならない。もしかしたら紛争地域にも行くことになるかもしれない。そのためには、体を鍛えておかなくてはと考えたのだ。

剣道と柔道といじめ撲滅運動

小学校高学年になると、私のクラスでいじめが流行り出した。男子のグループがある1人の女の子をいじめるのだ。

周囲の子たちは彼女がいじめられていることを知っていながら、見ているだけで何もしない。私はどうにか止めなくてはと考え、担任の先生に「Bちゃんがいじめられている」と伝えに行った。

ところが、あいにく先生はいじめ問題に積極的な人ではなかった。いじめっ子にたいした注意をすることなく、うやむやに終わらせてしまった。

見るに見かねた私は自分から男子グループに向かっていき、直接「やめなよ！」と言った。時には返り討ちに遭うこともあったが、そんな日は、テレビで時代劇の『水戸黄門』を観ていた。助さんや角さんがチャンバラをして悪者を退治するのを見ては、家で剣道の竹刀を振り、「明日はこれでやっつけてやる」と燃えたものだ。ちなみに、水戸黄門のいいところは、悪者を懲らしめはしても殺生はしないところだ。その正義感が私は好きだ。

男子グループとの対決はどれくらい続いたのだろうか。あまりよくは覚えていないが、学年が上がって担任が意欲のある先生に変わったことで終息していったように思う。

小学校6年生では、「いじめ撲滅」をモットーに掲げて児童会長に立候補し、当選を果たした。そのタイミングで、父と母、弟、妹は転勤で引っ越したのだが、私は残って一年間、祖母と二人暮らしをした。

中学では柔道と空手を始めた。高校では空手はやめてしまったが柔道は続けた。中高時代は本当に学校と道場の往復のみで、朝から晩までスポーツに明け暮れた。

ところで、柔道で忘れられないことがひとつある。顧問の先生からのひと言だ。練習の厳しさに耐えかねて「もう限界です」と言った私に、顧問は「失神するまでやったのか」と言った。「おまえは本当の限界までやっていない」と言うのだ。

人は限界を超えると体を守るために、気を失うようにできているのだそうだ。もちろんそれがすべてではないだろうが、今でもたまにつらいことがあったりすると、当時の顧問の言葉を思い出す。

「私はまだ気を失っていない。だから、まだ頑張れるはず」と。

柔道で特に試練なのが、「減量」だ。成長期の減量は本当につらいものがあった。夜中に気がつくと、空腹のあまり冷蔵庫の前に立っていたこともある。私はつらくなるたびに、幼い日にテレビで見たアフリカの飢えた子どもたちを思い出し、「餓死ってこれ以上の苦しみなんだな」と思ったものだ。

農学部の受験に失敗、農から離れていく……

高校では柔道に一生懸命で、あまり勉強をした覚えがない。

大学受験では京都大学の農学部に進み、バイオテクノロジーの勉強をするつもりでいた。厳しい不作の地でも育つ作物を開発するには、バイオテクノロジーの勉強ができる大学に進むという夢があったからだ。

ただ、高校3年生の模試ではE判定ばかり。E判定といえば合格の見込みが3割以下で、志望校を再検討しなさいと言われるレベルだ。それでも私は「1%でも可能性があるなら諦めてはいけない」と思っていた。

ところが、フタを開けてみると不合格。そのときようやく私は「模試の判定はウソをつかないな」と思った。

仕方がないのでその年は浪人し、翌年もう一度、京大に挑戦することにした。2年目はかなり勉強もした。本番のテストもそれなりに手応えがあった気がした。だが、それでもやはり手が届かなかった。現役時代に京大の前期・後期、一浪目も京大の前期・後期を受けたから、私は4度も京大に振られたことになる。

予備校の先生のすすめで受験していた慶應義塾大学に合格し、そこに進んだ。数年前に慶應義塾大学に環境情報学部が新設され、国際問題や世界の食糧問題を勉強できると聞いたからだ。信頼する先生のすすめでもあり、希望を持って上京した。

さて、慶應義塾の環境情報学科に進んだものの、授業が英語で進むなどのカルチャーショックを受けた。国際問題を学ぶ科なのだから、よく考えてみれば英語は当たり前なのだが、そんな準備ができていなかった私は授業についていけなかった。

私のダメさ加減を見た周囲の友人たちがレポートを手伝ってくれたり、テストの面倒を見てくれたりと助けてくれなかったら、私はおそらく大学を卒業できなかっただろう。

後から友だちに聞いたところ、私のことを「この子、放っておくと卒業できない」と不憫(ふびん)に思ったのだと言う。実際はそうではなかったのだが、「柔道推薦で入学したと思っていたから、助けたのに……」とのこと。何にせよ、心優しき友人たちは、私を見捨てることができなかったのだ。

このときに出会った大学の友人たちとは今でも親交が深い。中には、今の私の仕事を手伝ってくれている友人もいる。

さて、勉学のほうは友人の強力バックアップで何とかなりそうだったが、肝心の「夢」が手つかずのまま放置された。農業をやるという目標から遠ざかる一方の自分に、私は焦りを感じ始めていた。

「何のために私は大学に進んだのか。こんなことをしていては、いつまで経っても農家になれない」「どうにかして農業界とのつながりを持たなければ」と急かす声が脳裏に響いた。

ホームレスを見て見ぬふりの人たちにショックを受ける

「はじめに」でも少し話したが、大学進学のために熊本から東京に出て一番驚いたことは、東京には路上で生活している人、いわゆるホームレスがたくさんいたことだ。しかも、道行く人々は誰ひとり彼らに目もくれない。まるでそこに人などいないかのように通り過ぎていく。私はそれを見て、強烈なショックを受けた。ホームレスたちの姿が、子どもの頃にテレビで見たアフリカの子どもに重なって見えたからかもしれない。

熊本の田舎なら誰かしらが声をかけ、手を差し伸べるに違いないのに、東京の人は一体どうなっているのだろう。

大学の友だちに「なんでホームレスの人たちがいるの？」と聞くと、答えはさまざまだった。「資本主義社会の闇だ」と言う子もいれば、「会社が倒産して家を失ったんだよ」と言う子も、「怠けていたからホームレスになったんだ」と言う子もいた。

「結局、何が正しい答えなんだろう？」そんな疑問を抱えていたある日、私は思いかねて、いつも見かけるホームレスのおじさんに直接聞いてみることにしてみた。大学に通学するときに通る道で、路上に雑誌をたくさん並べて売っているおじさんがいたのだ。

私が「こんにちは」と声をかけると、おじさんは私を雑誌を買ってくれるお客さんだと思ったのか、「こんにちは」と返してくれた。

そこで、今なら話せるかなと思った私は、

「ここで何をしているんですか？」

と聞いてみた。聞かないとわからないことは、本人に聞くのが一番だと思ったからだ。

答えたくなければ答えてもらえなくてもかまわない。無理に聞き出そうというつもりはなかった。

すると、おじさんは「仕事がないからお金がなく、仕方なくホームレスをしている」と言った。そして、「働く意欲はあるのだが、住所も電話もないために雇ってもらえず、定職に就けない」という話をしてくれたのだ。

なるほどと納得する反面、私は「これではいつまで経ってもホームレスから抜け出せない。まったくの悪循環だ」と感じた。そして、「どこかで悪循環の鎖を断ち切る方法があればいいのだけれど……」と、脱ホームレスの方法を意識に留めるようになった。

このときの気づきが後に、〝ホームレスと農をつなげる〟活動を生むきっかけになる。

これからは農業と関係のないアルバイトはしない!

さて、そんなホームレスのおじさんの言葉を胸に留めながらも、農家になるという自分の夢に近づけずにいた。社会心理学に興味がわいて、文学部人間科学科へ編入するなどして、遠回りばかりしていた私は、「このままでは一生農家になれない」と焦っていた。そしてあるとき、「今後は一切、農業と関係のないアルバイトはやらない！」と腹をくくった。

それまでやっていたアルバイトはすべて辞め、農業関係のアルバイトにこだわって会社を探す毎日。そんな私に、大学の先輩から「野菜の卸業の会社でアルバイトを募集している」という情報がもたらされた。

私は面接で「農家になりたい」という思いを熱くアピールした。その甲斐あってか、無事に私はアルバイトで雇ってもらえることになった。人生初の農業界の仕事だ。

私をアルバイトで雇ってくれたA社の社長との出会いは、私にとってまさに運命だったと思う。

社長は農業界の発展に尽力し、全国の農家からの信頼も厚い人物だった。その彼が出会ったばかりで何者かもわからない私をかってくれ、いろいろな力添えを申し出てくれたのだ。

「うちの会社で盗めるノウハウはすべて盗んでいい。盗んだものは俺に返さなくていいから、次世代の農業界に返しなさい」

社長の言葉だ。アルバイトを始めて間もなく、私を信じて会社のカギも渡してくれた。

「私にはできない。なんてすごい人なのか」と心が震えたのを覚えている。

業務では社長についてて、あちこちの農家を回らせてもらった。農家回りをする中で、次第に農家の置かれている現状が見えてきた。

たとえば、こだわって作った作物を市場に出しても、大量生産された作物と一緒に混ぜられてしまう。手間暇かけて作ったことがむなしく思えてくるという訴えがあった。あるいは、誰もが一目置くおいしいお米を作る農家に後継者がおらず、せっかく培ったノウハウが消失してしまいそうだという訴えもあった。しかし、こうした現状を打開する策が今はない。

こうした現在の日本の流通システムに問題があると思った私は、「農家がビジネスとして成り立つ流通の仕組みを作らなくては」と痛切に感じるようになり、社長にも「自分で農家が成り立つ流通の仕組み作りをしようと思う」と相談をした。

社長は私の考えを理解し、協力を惜しまなかった。そして、「仕事が終わった後なら、うちのオフィスを使って起業の準備をしてもいいぞ」と言って、私が熊本の農家を回って勉強するための長期休暇までくれたのだ。

その会社にはアルバイトと大学を卒業して正社員になってからを合わせて、3年間お世話になった。本当にいい勉強をさせてもらったと思うし、ここで学んだことが今の私の基礎になっている。しっかりとした基礎を築けたことで、私は今、ぐらつかずに立っていられるのだ。

しばらくして、私の起業の実現性が高まったところで、別の有機農法のB社に誘われ転職することになった。A社の社長は「頑張れよ」と喜んで送り出してくれた。

B社の社長もまた、農家を目指す若手に対して理解のある懐の深い人だった。勧める前から、「将来、農家になって、やりたい事もあるので、あまり長居はできないと思います」と生意気なことを言う私に、「環境に配慮した農業をするなら、うちで売るよ」と言ってくれた。

私がB社に移るきっかけとなったのは、ちょっとした偶然だった。紹介された農業関連の社長から「野菜の展示会の手伝いをするはずだった人が急に行けなくなった。代わりに助っ人で行ってくれないか」と頼まれたのだ。助っ人といってもブースに座っているだけでいいというので、それならと請けたのだ。

そこでB社の会長と顔見知りになった。会長は私と同じ高校の大先輩だったのだ。

思えば、私はいつも人に助けられる。大学では友人に勉強を助けてもらった。アルバイトをするときには先輩がA社を紹介してくれた。そして、B社への転職も農業関連の社長がきっかけを与えてくれた。私が起業することができたのは、紛れもなくA社の社長とB社の会長・社長のおかげだ。

今でも両社の社長とは仕事上でお付き合いさせてもらっている。うちの「えと菜園」のような小さなオンラインショップなど、取引しても何の得にもならないのに、社長たちは快く手を貸してくれる。「トマトが足りない」と私が言うと、二つ返事で分けて寄こしてくれるのだ。本当にありがたい。

こうした大切な出会いに恵まれたのは、私が日頃から「農業をやりたい」「農家になりたい」とみんなに宣言していたのが幸いしたのかもしれない。黙っているよりみんなにアピールしたほうが、何かあったとき、「そういえば小島が農家になりたいと言ってたな。それならこの情報は役に立つかもしれない」と思ってもらえる。自分から情報を求めて動くことも大事だけれど、人から情報が集まりやすいようにしておくのも大事なことだ。

やりたいことや叶えたい夢があったら、遠慮しないで、どんどん声に出して言うのがいいと私は思う。その声を誰かが必ず聞いていて、きっと力になってくれる。

こだわって作るほど儲からない、農家の現実

先ほども少し触れたが、今の日本の農作物の流通が抱える課題について、ここで説明しておきたい。日本で農作物を流通させようと思うと、たいていの農家（生産者）は農業協同組合を通じて卸売市場に作物を出荷する。作物は卸売市場で業者に買い取られ、そこから各地のスーパーや八百屋に流れて、それぞれの消費者の食卓へとたどり着く。その流通の過程にいくつかの課題がある。

ひとつは、卸売市場では低コストで大量生産された作物も、手間暇をかけて作ったこだわりの作物も、「キロいくら」で売られてしまうことだ。

大量生産しようと思うと、どうしても農薬や肥料をたくさん使うことになる。その分、安全性や味は二の次になるだろう。逆に、安全性や味を追求すると、農薬や肥料は極力使えないから、人手もコストも時間も多くかかってしまう。

丹精込めて育てた自慢の作物が、結局はその他大勢と一緒にされて箱詰め袋詰めされ、しかも安価で売りさばかれてしまうのだ。これは生産者にとって悲しいし、悔しいし、

空しいことだ。

ふたつめは、生産者が価格を自分で決められないこと。価格を決めるのは作り手ではなく市場なのだ。

今の日本の流通構造は、不特定多数の生産者から集めたものを市場に乗せ、不特定多数の消費者に届ける仕組みになっている。そこで優先されるのは、消費者が買える値段、買いたいと思う値段だ。必然的に作物の価格は低いものとならざるを得ない。つまり、消費者のニーズが先にあって、それに生産者が合わせるしかないのだ。

「今年はいくらだ」と作物を作ってから言われるので、農家は利益調整などを考えた経営ができない。せっかく作っても、「市場に出したほうが損をする」という理由で、収穫せず捨ててしまう農家もあるくらいだ。

みっつめは、生産者も消費者も互いの顔が見えないことだ。

生産者は自分が作ったものが誰の食卓に届いたのか、おいしいと喜んでもらえたのかがわからない。毎日料理をする主婦は家族に「おいしかった」「ありがとう」と言ってもらえるから、「また明日も頑張ろう」と思える。その達成感ややりがいが、農家にはない。

反対に、消費者は自分が口にしたものが誰の手で作られたのか、どんな育てられ方で育ったのかがわからない。たとえば、お隣さんが「家庭菜園でできたから」とおすそわけで持ってきてくれた野菜は、「この人が作ったなら安心だ」と思うだろう。作り手が見えないということは、この野菜が本当に安全なのかどうかがわからないということだ。今日スーパーで買った野菜がとてもおいしくて、また食べたいと思っても、明日スーパーに並んでいる野菜が同じとは限らないのだ。

こうした問題点を解消するには、市場に乗せない流通の仕組みを作るしかない。そこで私が2006年に起業して始めたのが、生産者と消費者を直接結ぶオンラインショップだ。

資金0円で始めた農家直送オンラインショップ

オンラインショップを始めるにあたって人から聞いたのは、私のように「非農家出身で農地なし機械なし」の状態から新規に農業を始めるには、当時は500万円の当面の生活費と、1000~2000万円の初期投資がいるということだった。全国農業会議所「新規就農者（新規参入者）の就農実態に関する調査結果（平成22年度）」では、就

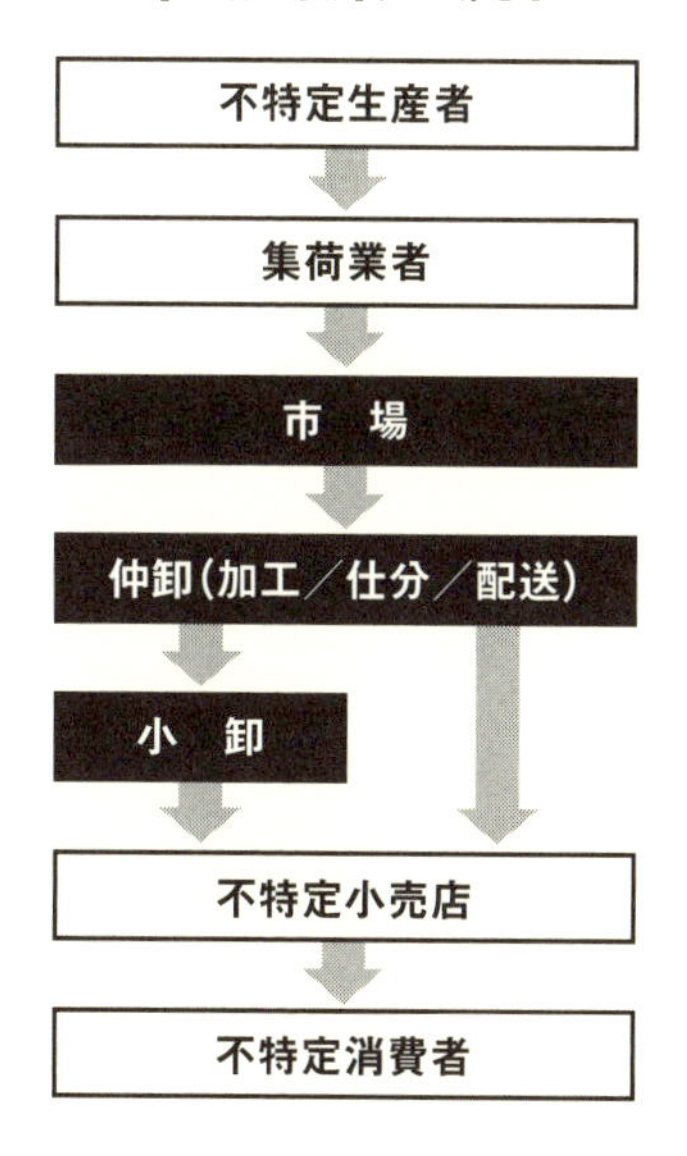

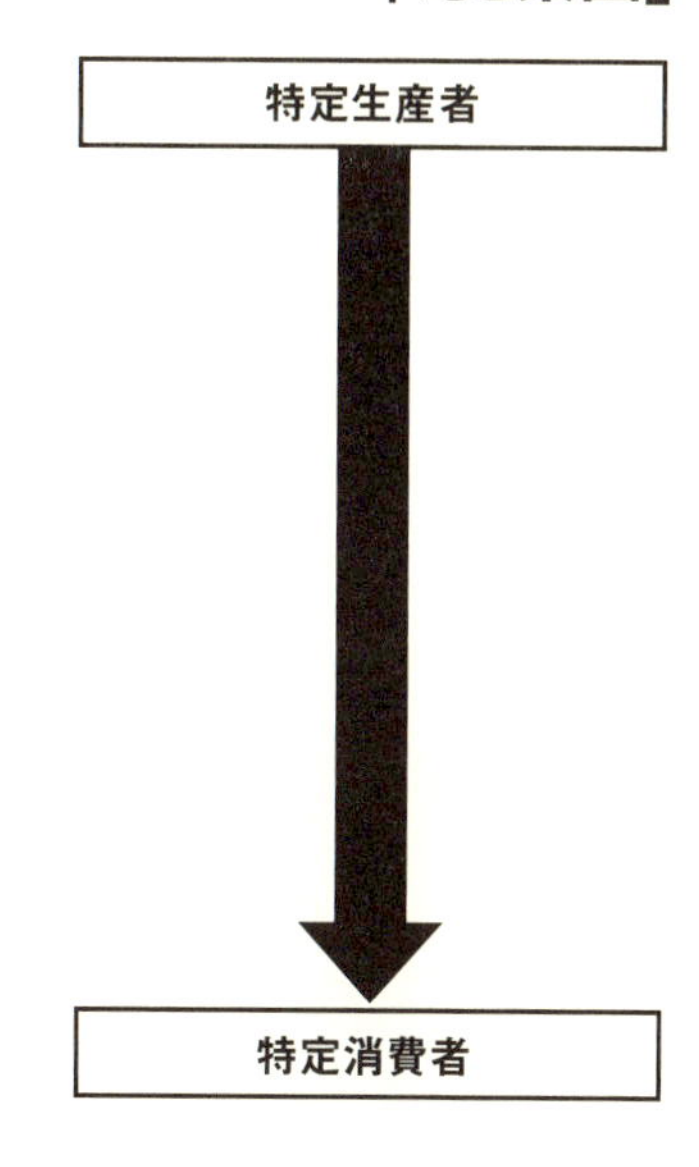

農1年目でかかる平均費用が、施設野菜の場合978万円、露地野菜の場合388万円となっていた。

さらに、そうやって費用をかけて始めたとしても販路にも困る、という話を業界で何度も聞かされていた。今は新規就農者への給付金など行政のサポートも充実しつつあるが、私が農業界に入る準備を始めた頃には、まだまだ整備が追いついていなかった。だから、「まずはお金をかけず、販路を開拓できるネットショップから」と私は考えた。

農家と消費者を直でつなぐオンラインショップなら、作り手と消費者の間に市場を介在させる必要がないので、作り手が自由に価格を設定できる。自分の作物を「これがうちの味だ」と自信を持って売ることができる。ネットを通じてではあるが、誰が買ってくれたのか、誰が作ったのかを互いに認識し合える。

私はこの思いつきを実現するため、地元熊本のこだわり農家さんをあちこち回った。今でこそ複数の農家さんと契約し、お客様に支えられ、お客様と農家さんに育ててもらってオンラインショップもなんとか軌道に乗っているが、スタート時はこうではなかった。なかなか契約が取れず、どこの農家さんからも断られ続けた。

ただ嬉しいことに、ネット上には「無料」で使えるサービスはいろいろある。無料のショッピングカート、無料登録のメールアドレスなど。これらを使えば「資金0円」で起業できると思った。

そのとき力を貸してくれたのは、大学時代にさんざん私の面倒を見てくれた、ある友人だ。パソコンが得意な彼女は、「これならやってあげるよ」と言って、あっという間にネットショップのシステムを作り上げてくれた。

他にも「ショップができたら野菜を買うよ」と約束してくれた友人もいる。彼らの厚意を無駄にしないためにも、私は一生懸命農家を回った。

そんな中で、ある1軒の米農家さんが私の思いに賛同してくれ、ネットショップにお米を出してくれることになった。

その米農家さんは「米の味が熟すまで市場に出さない」と言い張るような、こだわりの人だ。地元ではおいしいと評判なのだけれど、何しろ作り手本人が気に入らないと売らないため、毎年、周りは心配してひやひやするそうだ。そういう話を農家さんの奥様から聞き、私は「それだけ強い信念を持った農家さんなら、それこそオンラインショップは最適だ」と確信した。それで、自分がネットショップでやりたいビジネスモデルを奥様に提案し、理解を求めたのだ。

「作り手が本当においしいと思う作物を作り、本当においしいものを食べたいと願うお客様に買ってもらう仕組みを作りたいんです。価格は作物の品質に見合ったものにして、それでもほしいと言ってくれるお客様にしか売りません。そうすることで農家さんは経済的に成り立つし、お客様も満足が得られます。こんな美しいお金の動き方はないと思います！」

私の必死のアピールが届き、奥様に「たしかにそれなら、うちのお父さんも文句は言わない。むしろ、ますますこだわってお米を作ると思う」と言ってもらえた。

私は「こんな素晴らしいお米をみんなにもっと食べてほしい！」と思い、米作りの様子をネット上で写真で紹介したり、ブログを書いたり、おいしさの感想をアピールしたりした。それこそ、お金をかけずにできることは何でもした。

でも、残念ながら私の声は多くの消費者には届かず、友だちや知り合いがぽつぽつ買ってくれるくらいのものだった。社交的でもなく、友人も多くない私では、知り合いから買ってもらうにしても限界がある。

「どうすればいいのだろう」「商品の説明が足りないんだろうか」――。そんな不安な気持ちの中であれこれと改善を試みてはみたが、どうにもパッとしない日々が続いた。

1件の注文がネットショップの流れを変えた!

全然お米が売れない日が1年ほども続いただろうか。ある日、知り合い以外のお客様から初めての注文が入った。米農家さんとネットショップの立ち上げを助けてくれた仲間たちとで、手を取り合って喜んだのを覚えている。

数日後、そのお米を買ってくれたお客様から、ショップ宛てにメールが届いた。そこには、

「高いお米をいろいろ食べてきたけれど、あんなにおいしいお米は初めてです。農家さ

ん直送で届くのも安心で、とても嬉しい」

とあった。再びみんなで感動を分かち合い、「自分たちが信じてやってきたことは間違いじゃなかった」という確信を強くした。

諦めずに続ける意志と、応援してくれる仲間がいれば、たった1台のパソコンで、資金0円でも起業できるのだ。

たった1件の注文をくれたお客様に感謝するとともに、私の心が折れそうなときにも商品を買い続けてくれた友人や、私を信じて契約を続けてくれた米農家さんに頭の下がる思いがした。

1件の注文がまるで堰(せき)を切るきっかけだったかのように、ネットショップは少しずつお客様が増えていった。写真やブログをアップし続けた効果がじわじわと広がり、いろんな人の目に触れる機会が多くなって関心を持ってくれる人が増えたのだと思う。

うちのネットショップのリピート率は9割近い。品質を評価してくださっているのだろうか、次も次もと買ってくれる。リピート率が高いのは、農家さんたちが生み出す農作物に対して、お客様がその価値を認めてくれているからであり、それが私の自信につながった。

ところが、そんな嬉しい反応の一方で、こんなお叱りの電話が飛び込んでくることもある。ある日、「えと菜園」の電話が鳴った。電話の向こうの女性は昨日、うちの大根を買ってくれた初めてのお客様だ。

「ちょっと、大根に土がついているじゃないの！　どうして！」

私はすぐさま謝り、事情を説明した。

「すみません。きちんと洗って出していますが、大根は土の中にできるので、それが残っていたのかもしれません」

すると、電話の向こうのお客様が、驚いた声で言ったのだ。

「え？　大根って土の中にできるものなの？」と。

「じゃあ、どうしてスーパーの大根には土がついていないの？　水耕栽培？」と聞かれ、また説明をした。

「スーパーに出荷するような大きな農家さんは、野菜を機械で洗っているので土はついていませんが、うちのような小さな農家は機械がないので、たわしで洗います」

お客様は「へぇ、そうなの」と言いつつ、また別の質問をしてくる。

「たわしや機械で洗ったら、大根は傷むでしょう？」

「そこまで傷むとは思いませんが、土がついているほうが日持ちはしますよね。大根にとっては土の中にいる環境と近いわけですから。洗うことで、目には見えない小さなダメージは受けているかもしれません」と私。

充分納得したお客様は「ありがとう」と言って電話を切った。

私はこれを〝泥つき大根事件〟と呼んでいる。大根が土の中にできることを知らない大人がいるということに衝撃を受けた事件だ。子どもに限らず、野菜がどんなふうにできるのか知らない人がいると思うと、何とも言えない気持ちになった。ただ、お客様と直接お話をして野菜のことを知ってもらえたことはとても嬉しかった。

「このお客様のように、野菜のことをよく知らない人が世の中にはいっぱいいるんだ。枝豆が大豆だということを知らなかったり、栗のイガを見たことがない人もいる。そういう人たちに野菜のことを知ってもらう場ができればいいな」と私は思った。このときの経験が後に『体験農園コトモファーム』の運営へとつながっていく。

第3章

農業界とホームレスをつなげる

初めてホームレスをアルバイトに雇う

さて、前章でお話ししたように体験農園の必要性を感じた私は、いつもの猪突猛進で事を進めた。2008年、横浜に小さな市民農園を借りて、そこで家庭菜園塾『チーム畑』をやることにしたのだ。

野菜作りを体験してみたいという人は多く、また、A社の社長が釣り仲間や飲み仲間に声をかけてくれたおかげで、希望者を集めることはできた。ただ、問題だったのは平日の畑の管理だ。体験教室は週末に行われるので、参加者が来ない平日の間、畑の世話をする人が私しかいない。

「どうしようか……」

考えてハッとした。

「そうだ！　仕事を探しているホームレスの人たちがいるじゃないか！」

こう思い至ったとき、私は「うわっ、すごいプランを思いついたかも！　農業界にも、日本の雇用にもプラスになるし、パーフェクトにいいじゃない⁉」と気分が高揚した。

これは絶対いいアイデアだと思って周囲に話すと、私の高揚感とは裏腹に、周囲の人は戸惑いを見せた。おそらく私を、「突飛なことを言い出すおかしなやつ」と思ったことだろう。

「あまりに無謀すぎる」

「もう少し慎重に準備してからのほうがいいのでは」

「もし何かあったら、責任取れるの？」

「危ないから、やめておきな」と助言してくれた人もいる。しかも、ちょうどそのとき、私は第一子となる娘を出産したばかりだった。赤ちゃんをおんぶして何ができるのかと思われても仕方がなかったと思う。でも、私は本気でやるつもりだった。

「やってみなくちゃ、わからないじゃないか」という挑むような気持ちもあった。

「仕事を求めるホームレス」と「働き手を求める農家」との相性はとてもいいと思えた。両者をつなげることで、「ホームレスの自立」と「農業界の人手不足」という今の日本が抱えるふたつの大きな社会問題を同時に解消できる。考えれば考えるほど画期的な方法に思えた。何もせずに諦めるなんてもったいない。

私は「うちの畑で働いてみたいというホームレスの方はいませんか？　仕事を覚えてもらえば将来的に就農のお手伝いもできると思うのですが……」といろんなホームレス

支援団体に勧誘の電話をしたり、メールを送ったりした。案の定、片っ端から断られたり知らん顔をされたりしたが、別段落ち込みはしなかった。「こんなものだろう」とある程度の予想はついていたし、前例のない取り組みなので理解してもらうのに時間がかかるとわかっていたからだ。「諦めが悪い」というのが私のいいところでもあり、悪いところでもある。

しばらく続けていると、ひとつだけ相手にしてくれるホームレスのボランティア団体が見つかった。私の決心を知る友人が仲介してくれたのだ。友人というのは本当にありがたい。

そのボランティアは、Cさんという若い女性が1人でやっていた。Cさんはホームレスたちを救いたい一心で、私財をなげうち、身も心もすべてを注ぎ込んで、ホームレスの社会復帰を進めようとしていた。私は彼女を通じて3人のホームレス男性を紹介してもらい、平日の畑にアルバイトに来てもらう手はずを整えた。

とはいえ、言いだしっぺの私自身も非農家の出身で、知識も経験も豊富とは言えない。人を就農できるレベルにまで導くには、力不足は否めなかった。

だが、すでに『チーム畑』を始め、ホームレスを受け入れている今のタイミングで私が農家に修業に出るわけにもいかないし、農学校に通い始めるわけにもいかないし、育児もあるし……。そこで、私は『チーム畑』に講師を招いて、農業を教えてもらうことにした。

自給自足の生活を送っていたDさんを知り合いに紹介してもらい、指導を仰いだ。Dさんは、農業の基本はもちろん、お金をかけず再利用で農業に使う道具を作るといった方法まで教えてくれた。また、「自然と共に生きるのが〝農の道〟」という農の心を教えてもらったことは、私の一生の宝だ。「野菜は人間が作り出すのではなく、自然の力を借りて食べられる状態にする」。そんな私の野菜作りのモットーはここからきている。

知識面の補強として、熊本の農家さんたちに質問して教えてもらったり、自分でも農業の本を読み漁(あさ)ったりするなど、できるだけ多くを知る努力をした。本に書いてあることや人から教えてもらったことが本当かどうか、また、私の目指す栽培法かどうかを確かめるため、実験的にいろいろな野菜を植えたり、植え方を変えてみたりして、その畑や土にふさわしい野菜作りを研究したりもした。

研究をしてみて「これが自分の目指す農法だ」とわかった例を少し紹介すると、無肥料・農薬不使用で野菜を育てる場合には、畑には多品目を植えるのがいい。いろいろな品目の野菜を植えると、畑の生態系が自然に近くなるからだ。

にんじんの隣にかぶ、その隣に……というようにいろんな野菜が共存することで、それぞれを好きな虫たちがやってくる。ミミズ、テントウ虫、蝶々、ダンゴ虫などなど。すると、捕食の関係ができて、畑が青虫だらけになったりアブラムシだらけになったりすることが少なくなり、育てた野菜が腐りにくくなる。すると、農薬を使わなくて済む。

また、同じ種類の野菜を同じ場所に植え続けずに、今年はトマトを植えたから、来年はそこに小松菜を植える、といったように野菜を替えていくのがいい。そうしたほうが土の栄養素が偏(かたよ)らないのだ。トマトばかりを植え続けると、トマトの生育に必要な栄養素だけが土からどんどん減っていく。すると、何年かするうちにバランスの悪い土になってしまう。同じ土でトマトを育て続けるには、肥料が必要になるだろう。その点、植える野菜の種類を替えていけば、肥料を使わずに済むのだ。

除草剤を使わないための工夫もある。基本は人間が手で雑草をむしり取るのだが、夏場になるとものすごい勢いで伸びるため、むしってもむしっても追いつかないときがある。そうした場合に備えて、今は農園ではヤギを飼っている。ある本で「ヤギが雑草を食べてくれる」と書いてあるのを読んで、わざわざ熊本の阿蘇から空輪で連れてきた。

初めて農園でヤギを放したときは、雑草どころか野菜めがけて走って行ってしまい、みんなで大慌てで阻止したものだ。今ではちゃんと紐でヤギをつないで、食べてほしい範囲の草だけを食べさせることも覚えた。

また、雑草はあえて抜かずに、「刈って敷く」ことにしている。そうすることで、雑草が土に還り、土壌微生物の活動が活発化して、健康な土になるのだ。

講師の話や本で学んだこと、さらに熊本の農家さんから教えてもらったことなどをひとつひとつ確認し、今の私の農法があるのだ。

こうした実験や研究は今でも続けているのだが、基本は最初の1年でだいたい身に付いた。人間、やる気になれば何でもできるものだ。私の農業は正規のルートではなく、いわば裏口入学みたいなものだったが、〝とことん現場主義〟でもどうにか農薬を使わず、野菜作りを修得することができたのだった。

「ホームレスからファーマーへ」大作戦

『チーム畑』で最初の1年間をホームレスたちと過ごしてみて、わかったことがみっつある。

ひとつは、働く意欲が高く、体力もある人材が路上にはたくさん埋もれているということだ。ホームレスにも働く意欲を失ってしまっている人や働くことを諦めてしまっている人はいる。しかし、それ以上に、きちんとした仕事を得て自立したいと思っている人がたくさんいるのだ。路上は潜在的な労働資源の宝庫だと思う。

しかも、ホームレスにはもともと工事現場などで働いていた経験を持つ人が多く、肉体労働向きの体をしている人が多い。そういう人たちは体の使い方が上手で、農作業も難なくこなす。また、畑の草や小径木（しょうけいぼく）を刈る刈払機など機械の使い方にも詳しくて、即戦力になる。

うちに来てくれていたホームレスの人たちは、私がお願いした仕事をとても熱心にやってくれた。私の目を盗んで休憩したり、適当に手を抜いたりすることもできたはずだが、彼らはそういうことを一切しなかった。

私が思うに、彼らは自分たちを再起させようとして懸命になっているCさんのためにも、いい加減なことはできないと思っていたのではないか。Cさんと彼らとの強い信頼関係がなければ、ここまで真面目に一生懸命に働く人だけではなかったかもしれない。

そういう意味で、私はとても恵まれていた。最初に出会ったホームレスがこの3人でなかったら、私の〝農と職をつなぐ〟活動はスタート地点で頓挫していたかもしれなかったのだから。

その頃、支援団体からアルバイトに来てくれたホームレスのおじさんに聞いたことがある。

「遅刻もなく、暑い日も寒い日もまじめに働いてくれて助かります。でも、どうしてそんなに一生懸命働くの？」

なぜホームレスの人たちはまじめに働くのか疑問に思ったのだ。

すると、彼は答えた。

「畑に来れば時給が保証されている。丸1日歩き回って空き缶拾いをしても1000円そこそこだが、ここなら半日でそれ以上のお金がもらえる。一生懸命働くのは当たり前だ」

ホームレスというと、「働けるのに働かない人」というイメージがあるかもしれないが、決してそんなことはない。事実、彼らは空き缶拾いや日雇い仕事などを毎日コツコツとやり続けている。のんびりと寝ていて生きていけるほど、この世の中は甘くない。働き口さえあれば、普通の人以上に頑張るホームレスがたくさんいるのが事実なのだ。

ふたつめは、ホームレスたちの表情が段々明るくなっていくこと。最初はうつむきがちで表情も乏しかった彼らが、畑に通ううちに日に日に顔色がよくなり、笑顔が出るようになって、自信を取り戻しているように見えた。

人は人から感謝され、相手に存在を認めてもらうことで自尊心を保っていけるのだと思う。農作業を通して人から「ありがとう」と言われ、労働の対価としてまっとうに賃金を得る。しかも、野菜たちは彼らがいないと大きく育つことができない。それは〝自分がここにいていい〟という実感だ。

野菜の世話でも家での手伝いでもいいが、何かの「役割」を得ることは、「自分の居場所」を得ることだ。私たちはみんな居場所がほしくて働いている、あるいは、働くことで自分の存在価値を保っている面が大いにある。それはホームレスでも同じなのだ。

そして、みっつめは、ホームレスも他のホームレスでない人々と何も変わらないということだ。「ホームレスは危ない人たち」とか「ホームレスはかわいそうな人たち」と特別視している人も世の中にはいる。でも、それは一方的な思い込みだ。彼らも私たちも本当は何も変わらない。

家があって仕事もある人にも、心が荒んだ人はいる。お金持ちでも孤独でさびしい人はいる。それと同じだ。ホームレスたちが複雑な事情や過去の失敗などを背負って生きていることは多い。でも、だからといって、彼らが不幸かというと、そうとは限らないと思うのだ。今の自分に満足し、誰にも迷惑をかけず、ホームレス同士で助け合いながら生きているホームレスもたくさんいる。

たとえば、最初にアルバイトに来てくれていたホームレスの3人がそうだ。彼らはCさんという協力者を得て、前向きに頑張っていた。

知り合いの友だちの中には、私と同じ20代前半の女性ホームレスもいた。彼女がどうしてホームレスになったのか、詳しいことは知らない。ただ、彼女も貧しくはあっても、決して不幸そうには見えなかった。彼女は明るい口調と表情が印象的だった。

彼女には前歯が1本もなかったが、「虫歯になっても歯医者に行けないから、こうなっちゃった〜」と笑い飛ばしていた。「彼氏ができたよ」と報告してくれたこともある。彼氏もホームレスで「夜は男の人たちに守ってもらっている」と嬉しそうに話してくれもした。

畑にきていた3人も、別の女性ホームレスが夜間を無事に過ごせるよう、毎晩交替で見張りをしていたそうだ。強姦などの危険もあるが、タバコなどを投げ入れられて体や段ボールハウスに火がつくのを防ぐ目的もある。ホームレスにとって、夜は危険がいっぱいなのだ。

彼らによると、「タバコや空き缶を投げてくるのは、たいていスーツを着たサラリーマン」だそうだ。それを聞いて、私は何も言えなかった。現代人の荒んだ心を見た気がしたからだ。もし彼らの言うように、ホームレスに向かってサラリーマンがタバコを投げつけるのだとしたら、果たして不幸なのはどっちだろうか？　人間らしい心を失ってしまったサラリーマンのほうが、私にはかわいそうに見えてしまう。

ホームレスはなぜホームレスになってしまうのか

ここで少し、日本のホームレス事情について触れておきたい。本書を読み進めるときの大きな助けになるはずだ。

厚生労働省が毎年行っている「ホームレスの実態に関する全国調査」（グラフ3参照）によると、令和元年現在のホームレス人口は4555人となっている。平成24年以降ホームレスは年々減少し、平成15年の2万5296人からすれば、5分の1以下にまで減った。これは国や民間によるホームレス救済の取り組みが一定の効果をもたらした

グラフ3 全国のホームレス人数推移

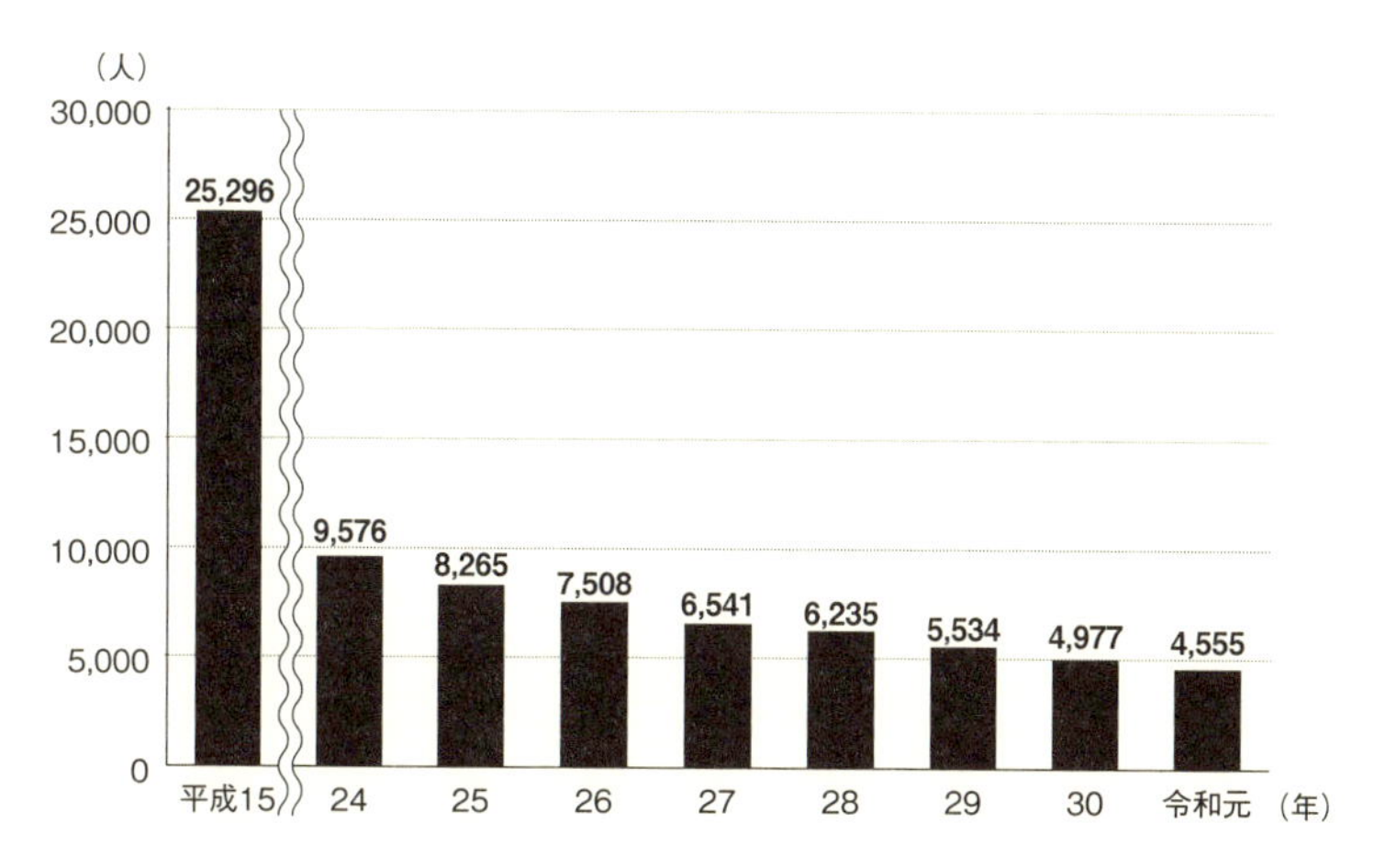

資料：厚生労働省「ホームレスの実態に関する全国調査（概数調査）」

結果と評価できる。

ただし、気をつけなければならないのは、この調査で対象としているホームレスは〝屋根のない状態で暮らしている人〟に限られることだ。「ホームレスの自立支援等に関する特別措置法」という法律で、ホームレスとは「都市公園、河川、道路、駅舎その他の施設を故なく起居の場所とし、日常生活を営んでいる者」と定義されている。つまり、ネットカフェやドヤ街、サウナ、公共施設、病院、友人宅などを転々としている〝屋根はあるが家がない状態の人〟は、数に含まれていないのだ。

最近は、家も仕事もなくネットカフェで寝泊まりをする「ネットカフェ難民」が若い人に増えていると言われているが、その実数は把握されていない。だから、一概に〝家のない人〟が減っているとは言えない現状がある。

また、「貧困」という面から見てみると、OECD調査によれば、日本の相対的貧困率はイスラエル、メキシコ、トルコ、チリ、アメリカに次いでOECD加盟国の中で6番目に高い。相対的貧困というのは、国民全体が得る年収の中央値の半分（日本では112万円）に満たない人のことで、わが国の全国民に占める相対的貧困率の割合は16％にのぼる。実に約6人に1人が貧困なのだ。この数字を見れば、日本が決して豊かな国とは言えないことがわかると思う。ホームレスや貧困の問題は、日本における重要課題のひとつなのだ。

では、人はなぜホームレスになってしまうのだろう？

ホームレスになっていくプロセスは、階段を転げ落ちるさまに喩（たと）えられる（図1参照）。労働を失い、家族を失い、住居を失い、金銭を失い、そして最後には野宿の状態になる。

この図式は「カフカの階段」と呼ばれる。日雇労働者等の支援活動や著述業を行っている生田武志（いくたたけし）さんが、カフカの小説『父への手紙』の一節から名づけたものだ。

図1 カフカの階段

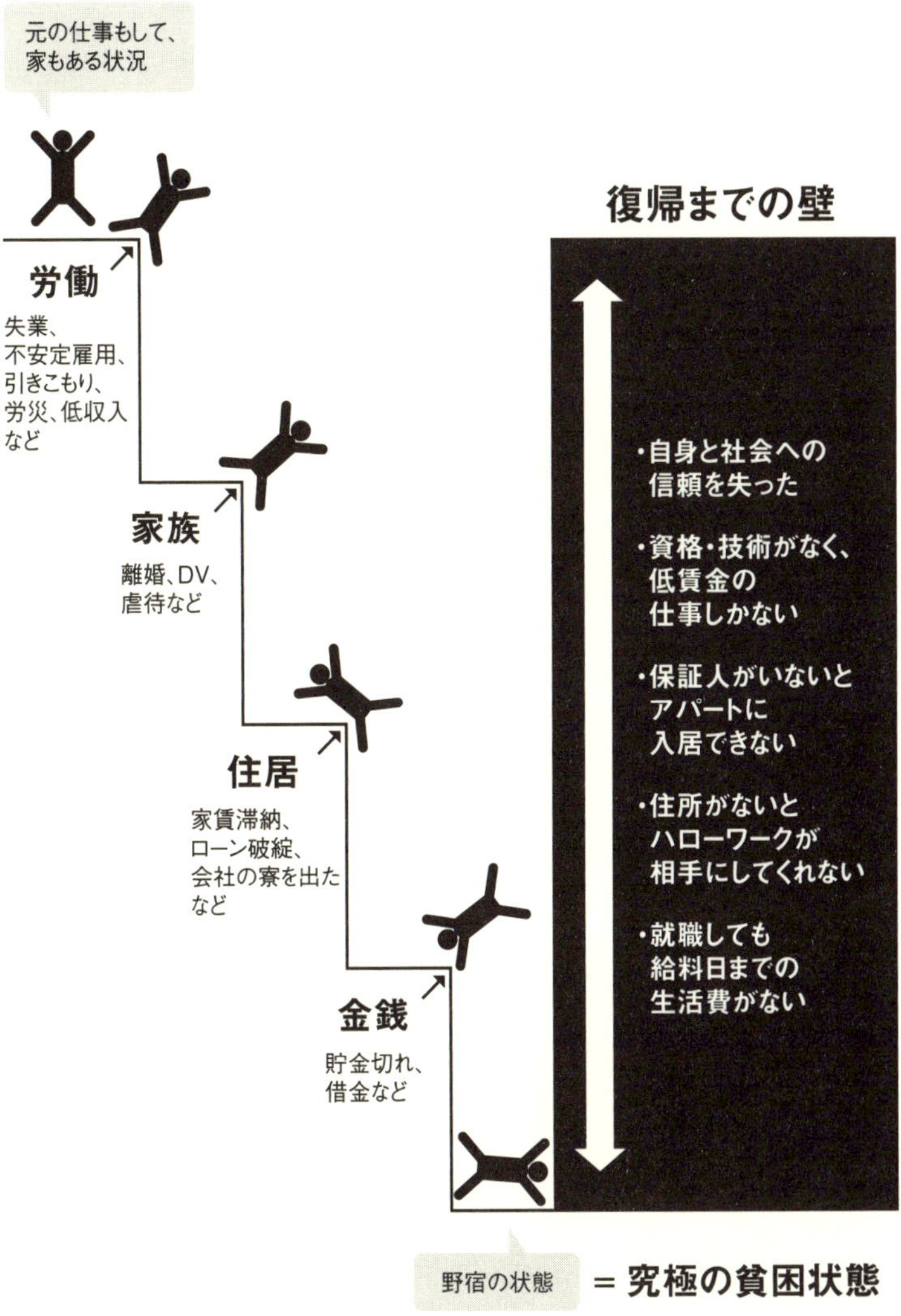

元の仕事もして、
家もある状況
労働
失業、
不安定雇用、
引きこもり、
労災、低収入
など
家族
離婚、DV、
虐待など
住居
家賃滞納、
ローン破綻、
会社の寮を出た
など
金銭
貯金切れ、
借金など
復帰までの壁
・自身と社会への
信頼を失った
・資格・技術がなく、
低賃金の
仕事しかない
・保証人がいないと
アパートに
入居できない
・住所がないと
ハローワークが
相手にしてくれない
・就職しても
給料日までの
生活費がない
野宿の状態
＝究極の貧困状態

カフカの階段で一番怖いのは、野宿から抜け出すときには階段が高い壁になって、立ち塞がるところだ。落ちるときは一段一段だったから、抜け出すときも一段一段登っていけばいいかというと、そうではない。なぜなら、就職しても給料日までの生活費がないし、住所がなければハローワークは相手にしてくれない。保証人がいなければアパートも借りられない。資格や技術がなければ門戸が狭まるだろうし、そもそも自分への信頼や社会への信頼を失って、やる気が起きないかもしれない。ホームレスから抜け出そうと思うと、それこそ一発逆転でも起きない限り、元の生活に戻ることは難しいのだ。

脱ホームレスに必要なものとは?

では、ホームレスから抜け出すために必要なものとは、具体的に何だろうか?

ホームレスの自立を助ける『NPO法人ビッグイシュー基金』が発行するパンフレット『若者ホームレス白書②(2012年3月)』によると、それは「住まい」「仕事」「居場所」「つながり」となっている。

まず、「住まい」について考えてみよう。「安心して住める家」がないということは、当事者にとってどういう事態を意味するのだろう。

家とは、単に雨露をしのいで休んだり、食事を摂ったりする場所ではない。家族や友人との人間関係を築く基盤であり、仕事をしたり学校に通ったりといった社会生活を営むための拠り所であり、社会福祉などの公的サービスを受けるための拠点でもある。

つまり、家を失うことは、「毎晩寝る場所に困る」という単純な話では済まされず、「家族と共に生活できなくなる」「友人とも疎遠になる」「履歴書に書く住所がなくなる」「身分証の提示が求められる場所を利用できない」「病気になっても健康保険証がないから、負担額が高額になって医療サービスが受けられない」といったさまざまなダメージを負うことになるのだ。

ホームレスの社会復帰を助ける事業として、東京・大阪・横浜などの大都市圏では「ホームレス自立支援事業」が整備されている。細かな仕組みや受けられる支援の内容は自治体によって異なるが、基本のコンセプトは同じで、「住所がなく安定した就職先が見つけられないホームレスに一時的な宿舎を提供し、そこで求職活動ができるようにする」ものだ。

ただ、この事業がうまく活用されているかというと、そうとも言い切れない。たとえば、東京都の発表によると、平成29年度末までの調べで、就労し自立できた人は50％に満たない。就労が叶わなかった人の大半が結局は元の野宿生活に戻ってしまう。

日本の、特に都市部では「家賃が高すぎる」という問題も大きい。「保証人がいないと部屋が借りられない」ハードルもある。ホームレスに安心して暮らせる住まいを得てもらうには、まだまだ多くの課題を超えなければいけないのだ。


次に、「仕事」について考えてみる。

現実問題として、ホームレスの経験が長ければ長い人ほど、社会復帰の壁は厚くなる。働くことへの自信を失っていたり、自分が働けると思えなかったりするからだ。今の若い世代のホームレスの場合、社会で働いた経験のないままドロップアウトしているケースもあって、彼らは働いた経験がないために、「働く」ということのイメージがつかめなかったりもする。あるいは、ホームレスの中には病気や様々な困難を抱えている人もいる。そういう人には個別のサポートが必要だが、実際には手が行き届かないことが多い。

「失敗を許さない風潮」というのも、職場や学校など至るところにある。そのため、再起の壁が厚い。

うつ病で休んだ人が職場復帰するのにも、周囲の理解不足や会社の受け入れ態勢の不整備などで、なかなかうまくいかないと聞く。復帰したその日から元通りの成果を求められ、うつ病が再発してしまうケースも多いとか。逆に、あからさまに暇な部署に異動させられ、自尊心が傷つけられて辞職に追い込まれるケースもあると聞く。医師のドクターストップによるうつ病での休養ですらそうなのだから、ホームレスなら尚のこと風当たりは強い。

日本には再起のための雇用機会がとにかく少ない。正規雇用と非正規雇用の待遇格差も大きい。ホームレスを就労につなげる支援団体があるにはあるが、どこも資金難で思うようなサポートができないジレンマを抱えている。

「ホームレスたちに仕事を！」と叫んだところで、気合だけではなかなか実現しない現実がある。

では、「居場所」や「つながり」はどうか。

ネット社会は知らない人や地球の反対側に住んでいる人とも気軽につながれる一方で、リアルな人間関係が希薄になっていると言われて久しい。また、ＤＶやいじめ、家族との不和なども多い時代だ。家や学校や職場が居場所になり得ない人が多くいる。高齢者で言えば、独居老人や孤独死の問題などもある。

「弱音を吐けない」とか「困ったときに頼るところがない」という訴えは、ホームレスに限らず現代人の心の奥に共通する悩みかもしれない。

ホームレスの場合は、つながりの希薄さや居場所のなさが一般の人より一層深刻になりがちだ。その理由のひとつに、生まれついた家庭環境に恵まれないケースが考えられる。たっぷりの愛を親や保護者から受けて育たなかった場合、他人との信頼関係を築く基盤を確立しづらいため孤立しやすいし、一度孤立してしまうと再び輪の中に入っていくのが難しい。

ホームレスたちがつながりや居場所を感じられる場所として、クラブ活動を行ったり、交流の場を設けたりしているボランティアもある。ホームレスたちの訴えや話を聞く相談所を設けている自治体もある。家がない若者と孤独に陥りがちな高齢者が共に暮らす共同住宅もある。

でも、受け皿としてはまだまだ少ない。日本全国に約4600人、いやネットカフェ難民なども入れると何万人もいるだろうホームレスのすべてを救済するには、受け皿の絶対数があまりにも足りないのだ。

「就農」がホームレスを救える可能性

私が『チーム畑』時代に取り組んでいたホームレスのアルバイト雇用や、現在行っている生活困窮者への就農支援プログラムは、ホームレスたちの足元に小さな踏み台をひとつ置く活動だと思っている。落ちてしまった「カフカの階段」に踏み台を置くことで、少しでも上りやすくするのだ。

ホームレスになる人は、本人にはどうしようもない「ホームレスになりやすい素地」を持っている場合が多い。たとえば、家庭環境から教育を満足に受けられなかったために職を得にくいとか、困ったときに頼れる家族がいないとか……。

彼らは生まれたときから、あるいは、人生の早い段階から、不安定で脆い橋の上を歩いているようなものだ。足元がふらついて、いつ橋から転げ落ちるかわからない。そして、もし落ちても、受け止めてくれるセーフティーネットがなかったり、脆弱だったりする。

自分がどういった環境に生まれてくるかは、自分の意思では選べない。もしあなたがグラグラの脆い橋を渡らずに済んでいるとしたら、それはとても恵まれたことなのだ。

この機会に一度、想像してみてほしい。あなた自身が足元が不安定でセーフティーネットもない橋を渡っているところを。そんな人生が今までも、これから先も続くとしたら?

きっと、この世界を信頼することは難しいし、世界を信頼できなければ、毎日は苦渋に満ちているだろう。

そんな人に畑に来てもらい、この世には「農」というおもしろい世界があることを知ってもらいたい。

そこで「農」の技術を身に付け、農家への就農ができれば、彼らは第一に仕事を得ることができる。次に、まっとうな給料を得て、住まいを持つことができる。そして、働くことで居場所ができ、地域とのつながりもできる。

就農にはホームレスを自立へと導く大きな可能性がある。受け入れ先の農家とホームレスがうまくマッチングすれば、「カフカの階段」を一足飛びで乗り越えることも夢ではないのだ。

元ネットカフェ難民だった吉田さん（仮名）の実話

ここまでホームレスの置かれている現状や、彼らの抱えている問題について整理してきた。ただ、理屈は理解してもらえても、現実の彼らの苦悩やもどかしさは理解しづらいと思う。そこで、実際のエピソードを紹介したい。

以前、うちの農園に研修にきていたある男性の話だ。彼のエピソードを通して、ホームレスになる人はホームレスになりやすい背景があること、また、ホームレス特有の心の問題を抱えていることがわかってもらえるのではと思う。

吉田さんは親から虐待を受けて育った30代の男性だ。子どもの頃から親に心ない言葉を浴びせられ、しつけという名の体罰を受け続けた。いつもオドオドとしている彼は学校でもいじめに遭った。

中学を卒業してからは新聞配達の仕事を得たが、給料はもらったその日に親に渡し、吉田さん本人が自由に使える小遣いは月に500円玉1枚だけ。それすらもらえない月もあった。配達中にのどが渇いても、ジュースを買うお金がなかった。だけど、こわくて、もっと小遣いをくれというようなことは口が裂けても言えない。

そんな居場所のない、生きた心地のしない生活が30年以上も続いたのだ。ある日、吉田さんは「このままでは自分がダメになる」と思った。

「親に虐げられ、親の言うままに搾取されるだけの人生はもうご免だ」

着のみ着のままで逃げるように家を飛び出した彼は、自分を知る人のいない街へ、仕事の見つかりそうな街への思いで、必死に東京まで出てきた。でも、中卒で身寄りもない彼が簡単に仕事を見つけられるはずもない。路上生活をすることも考えたが、身なりが不潔ではますます仕事がなくなってしまう。彼は日銭を稼いではシャワーを求めてネットカフェを転々とする生活を選んだ。

体を使って仕事をすることは苦痛ではなかった。ただ、お金を貯めて部屋を借りようにも、日々の生活費を払うと手元に残るのはほんのわずかな小銭だけ。何カ月経ってもネットカフェから抜け出せる見込みは立たなかった。

もうこれ以上は頑張れないと思った彼は、自ら命を絶つことも考えたという。でも、最後の最後で思い留まった。

ホームレス支援団体に相談に訪れた彼は、そこで私が行っている就農支援プログラムの存在を知る。「これなら自分にもできるかもしれない」と思った彼は、一も二もなく参加を申し込み、畑にやってきた。

吉田さんは自分の気持ちや考えを表現するのがとても苦手だった。表情はほとんどなく、口数も極端に少ない。自分から人に話しかけることは、よほど必要に迫られない限りしない。そして、虐待を受け続けたトラウマが見受けられた。

ある日、メンバーの1人が日頃の人間関係のことを思い出して怒り出した。人間関係や世の中の理不尽さへの怒りを大声で訴えはじめた。

彼のように何かイライラすることがあると、ストレスを吐き出す人は、世の中には少なくないので、私は私なりの対処法を心得ていた。こういうときは、あえて反論したりせず、彼が全部を言い切るまで待つのがいい。怒りやイライラのエネルギーを出し切ってしまえば、すっきりして、その後はたいてい冷静になる。

ところが、運悪く、私が彼に怒鳴られている近くに、吉田さんが居合わせてしまった。耳を塞いで走り去ってしまえばいいのだが、彼の場合はそれができない。おそらく、一方的に怒鳴られている私を見て、親から怒鳴られたときのことがフラッシュバックしたのだと思う。

吉田さんは人形のように固まってしまった。本当に人形のように瞬きすらせず、息もできているのかどうか心配になるくらい凍りついてしまったのだ。

初めてのことで私もどうしてあげればいいのかわからなかった。声をかけても反応はなく、ただ見守ることしかできない。結局、時間が彼を解き放つのを待つことしかできなかった。


それほど深い心の傷を負っていても、彼は根が真面目で、目の前の仕事から逃げるようなことはしなかった。性格的に根気のいる作業にとても向いていた。マイペースではあるものの、遅刻もなくサボりや手抜きもない。チームでの作業は苦手だが、自分から輪を外れることはしないし、基本的に畑仕事は1人でもできることが多いので、さほど問題にならなかった。

そんな彼を見込んだ私は、近くの農家さんに彼を紹介した。「とてもいい働き手だから、アルバイトでもインターンでもいいから一度仕事をさせてみていただけませんか?」と。気心の知れた農家さんだったので、「じゃあ、一度おいで」ということになり、吉田さん本人もその気になった。

約束の日、吉田さんが時間通りに農家さんの畑に行ったことを確認して私は安心した。

緊張はしていたようだが、それは慣れれば大丈夫だと思った。だが、しばらくして、まだ作業中のはずの彼が私の元に戻ってきたのだ。

「仕事はどうしたの?」

理由を聞くと、彼はポツリポツリと重い口を開いて何があったか話してくれた。どうやら農家さんに指示された作業を手間取ったか、間違ったかしたらしい。そこで、農家さんから「もうお前はいい」と言われたようだ。それを「自分はもうここには要らない。この世に存在しなくていい」という意味に理解した彼は、職場を放棄して逃げて帰ってきたのだった。

農家さんの肩を持つわけではないが、仕事というのはある程度のクオリティーやスピード、効率のよさが求められる。それができないと雇うほうも困ってしまう。ミスや不手際を挽回できなかった彼がダメ出しされたのはある意味で仕方のないことだ。

しかし、その一方で、農家さんの言葉がきつすぎた面もある。農家さんとしては悪気はなく、思ったことをパンッとストレートに口に出してしまっただけなのであろう。

しかし、親から「要らない子」と言われ殴られ続けた彼が、「もうお前はいい」という否定の言葉を受けてどれほどショックだったか。

ただ、おそらく農家さんの「もうお前はいい」という言葉は、「こっちはいいから、ちょっとあっちに行っていろ」の意味だったのだと思う。決して彼の存在そのものを全否定したつもりはなかったはずだ。

ホームレスにしても引きこもりや生活保護受給者にしても、心がとてもナイーブな人が多い。こっちは間違った行動に対して「そうじゃないよ」と指摘したつもりが、彼らは「お前はダメだ」と人格を否定されたように感じてしまうことが多々ある。だから、彼らに注意をするときは、「それはダメ」という否定ではなく、「そうやるより、こうやったほうがいいよ」というアドバイスをするようにしている。そして、行動の注意はしても、本人の性格や考え方は絶対に責めないことも大事だ。

そういう彼らの心のクセを知っていた私は、彼に伝わるよう言葉を選びながら言った。

「農家さんが〝もういい〟と言ったのは、〝この作業から外れてもいい〟という意味だと思うよ。〝この世に必要ない〟なんて言ってはいない。もし農家さんが本当に〝お前なんか、この世にいるな〟という意味で言ったのだったら、それは絶対に間違いだから、私が農家さんに吉田さんに謝るように言いに行ってあげる。もし仮に世界中の70億人が〝お前なんか要らない〟と言ったとしても、あなたは〝僕は僕が必要だ〟と言えばいいんだよ。そうすれば、最低でもあなたを必要としている人が1人はいる。自分で自分を要らないなんて言わないで。誰もが意味があって生まれたのだから、この世に必要ない命なんてないんだよ」

彼は大声で泣きじゃくった。「初めてそんなふうに言ってくれる人に出会った。少しだけ自分のことを大事に思える気がする」と。

彼のその言葉を聞いて、私は自分の言葉が彼の心に届いたと感じた。「彼の心が少しでも楽になってよかった」と。ただ、その安堵の反面で、「私は心に傷を持った人たちを相手にしているんだな」と改めて実感し、「私も本気で彼らにぶつからなければ」と今一度、腹をくくり直した。

結局、彼が再び同じ農家さんのところに行くことはなかったが、その日以来、少し彼の雰囲気が変わった。表情が柔らかくなり、心の内を話してくれるようになった。彼には夢があるそうだ。

「いつか好きな人とごはんを食べて、笑い合いたい」

私が「今の吉田さんなら叶うよ。プロ野球選手になりたいって言うなら叶わないから止めるけど」と言うと、「そうだったらいいな」と笑った。その笑顔を見て、私は本当に彼の夢がいつか叶うといいと思った。

吉田さんはその後、支援団体の協力で別の就職が決まった。今は、ある企業の清掃員として毎日頑張って働いている。

農作業で気づきを得る人たち

うちの農園に通ってくる人たちは、最初は吉田さんのように人生に行き詰まり、生きる希望を失いかけている人が多い。でも、農作業を通じて自然と触れ合ったり、人と関わったりしているうちに、少しずつ本来の自分らしさや自信を取り戻していく。

畑作業を通して考え方や性格などの内面が変わっていくという経験は、一般の体験農園参加者の中にもたくさん見受けられる。

たとえば、反抗期真っ盛りで手のつけられなかった中学生の男の子が、農園にくるようになってから落ち着きを見せるようになり、物に当たることがなくなった。トマトが大の苦手だった子どもが、畑で収穫したトマトのおいしさに感動し、それ以来、大のトマト好きになった。ストレスを抱えて気持ちが塞ぎがちだった人が、毎週日曜に畑に行くと決めて体を動かすようになった途端、気分も体調もよくなった。畑で土に触れたり、虫を見つけたりすることで、子どもの頃を思い出し、心が癒された。家族で畑にきて作業することで会話が増え、家族の関係がよくなった――。

そんな嬉しい変化があちこちで起きている。

ホームレスの「越冬」問題に直面する

ホームレスの現状を知ってもらったところで、話を『チーム畑』に戻そう。

『チーム畑』でホームレスを雇ってみて、無謀に思えた私の「ホームレスからファーマーへ大作戦」も、なんとなくうまくいきそうに思えた。ところが、その年の冬がきて、ある問題が私の前に立ち塞がった。それは、冬になると、ホームレスたちが畑に出てこられないということだ。

家を持たず段ボールハウスで暮らす彼らにとって「越冬」は命がけだ。日本の季節で言えば、猛暑の夏もたしかに厳しいが、冬の寒さはその比ではない。なぜなら、この時期に凍死するホームレスは数知れないのだから。

ホームレスたちは冬の時期、生き延びるだけで精一杯となり、畑に出てくる余裕などなくなってしまう。路上生活をしたことのない私には想像もしなかった事態だ。実際に冬になり、寒さが厳しくなって、ホームレスたちに越冬問題を相談されて初めて事の重大さに気づいたのだ。

ホームレスたちが安心して暮らせるような住まいを提供できればいいのだが、何の資金もない私には寮を建てる力はない。かといって、彼らに今以上にバイト料を払う余裕もなかった。自分の不甲斐なさが情けなかった。

またしても、すぐには解決できない問題を抱えてしまった私は、さすがに「この活動を続けていくのは無理かも……」と弱気になった。だが、ここで諦めてしまったら何も変わらない。私の長所は諦めが悪いことだったはずだ。そう思い直して、解決策を考えながら春になるのを待った。「ホームレスと農をつなぐ活動自体は間違っていないはずだ」という思いが私の中にあったからこそ、諦めずに続ける覚悟ができたのだ。

「無謀な妄想」から「社会に役立ちそうなプラン」へ

『チーム畑』での活動中、何度か行政の窓口に行ったことがある。私がやろうとしている取り組みを国でやってくれればいいのではないかと思ったからだ。

「働きたいが仕事も家もない人と、空き家も仕事もあるが人が足りない農家をつなげば一石二鳥だと思うのですが、なぜ国ではやっていないのですか? 私は1年やってみて、問題はいくつもあるにせよ、それなりに可能性を感じています。国全体でやればきっとうまくいくと思うのですが、どうでしょう?」と率直に訊いてみた。

答えは、私の取り組みにある程度の理解は示してくれながら、「でも、市町村が違うと管轄が違ってしまうので、現実問題としてはなかなか難しい」「雇用の問題は厚生労働省で、農業の問題は農林水産省。違う省の管轄になってしまうので、一朝一夕には無理だ」というものだった。

この手の答えが返ってくるだろうことは、あらかじめ予想していた。予想はしていたのだが、「もしわかってもらえたらいいな」「協力しましょうと言ってもらえたらラッキーだな」と思ったのだ。案の定、当たって砕けてしまったのだが……。

今の日本の行政システムは基本的に縦割りなので、省や自治体の枠を超えて横の連携をするのが難しい。私が提案するような取り組みを国単位でやろうと思うと、行政の構造そのものから改革しなければならない。それはとても気の遠くなる話であり、私個人の力では到底無理だ。

「それならば、私がやり続けるしかない。できるところまでやるしかない」

走り出してしまった自分を、自分でも止められなかった。

「誰もやらないなら私がやる。せっかく思いついた最高のプランを葬ってはいけない」

そんな決意を抱えて、畑に戻ってきたことを覚えている。

私はいつも、「できるか・できないか」ではなく、「やるか・やらないか」を考えて行動を決める。「できるか・できないか」を考えてしまうと、私のような不器用な人間はできないことのほうが圧倒的に多いから、失敗するリスクを考え始めると結局、何もできなくなってしまう。

一方、「やるか・やらないか」は自分の意思ひとつだ。「やる」を選んだら、最後までやり続けるだけだ。途中でダメそうだったら、周囲にＳＯＳを出して助けてもらってもいい。やり方を変えてもいい。とにかく何とかやり続けられる方法を考えればいいのだ。もし結果として達成できなくても、自分が最後の１人になってもやり続ければいいだけの話だ。


たとえば、高い山があるとして、山頂に登りたいとする。でも、誰も登ったことのない山だから道はない。自分でルートを考えて道を作っていかなければならない。そんなとき、上を見ると、気が遠くなって「こんな高くて険しい山、登れるわけがない。無理だ」と思えてくる。でも、自分の足元だけ見て一歩一歩進んでいけば、微々たるスピードでも確実に上には登っていく。諦めずに歩き続けていくうちに、ふと後ろを振り返ると、自分の後ろに道ができていて、スタート地点より少しだけ高いところに立っていることに気づく。「結構、登ってきたんだな」とわかる。

自分がやりたくてやっていることならば、そんなふうに気長に登っていけると思う。私はいつもそうやってきた。だから、このホームレスと農をつなぐ活動もやり続けていくことが大事だと思ったのだ。

行政に頼れないなら、自分でこの活動を大きくするしかない。

まずは、農園を広くする必要がある。『チーム畑』の農園では、3人のホームレスを受け入れたら満杯だ。せめて10人以上は受け入れられる広さの畑がほしかった。そのためには誰かに農園を借りなくてはならない。私はあちこちの知り合いをたどって、畑を貸してくれる人がいないか探しまわった。

2009年に、農地取得なども考え、動きやすいようにと、『株式会社えと菜園』を設立した。「えと菜園」という名前は、大学・高校の先輩に付けていただいた。

「えと菜園」では、これまで熊本の農家さんたちと運営していた通販と、家庭菜園塾

『チーム畑』をそのまま引き継ぐ形でスタートした。

幸いにして2011年、大学の先輩の紹介である地主さんに出会い、同じ年にその地主さんが空いている農地を一緒に使ってもいいと言ってくれた。

地主さんは農園長まで引き受けてくださり、そのおかげで次の道がひらけた。

その上で解決しなければならないのは、ホームレスたちの「越冬問題」だ。これはどこか寮を持つ支援団体に協力を仰ごうと考えた。協力してくれるアテはなかったが、それしか方法がないなら仕方がない。私は以前、支援団体からホームレスを紹介してもらったときのように、寮を持つ支援団体にひとつひとつアプローチしようと思っていた。

私が法人を立ち上げ、本格的にホームレスを受け入れようとしていることを知った周りのみんなは声を揃えて反対した。家族でさえも……。

「1人でやるには負担が大きすぎる」

「育児との両立なんてできるわけがない」

「せめてネットショップか、ホームレスの就農支援か、どちらかに絞りなさい」

「社会のためにはなるだろうけど、収入につながらない取り組みだ」

どの意見ももっともで、反論の余地がまったくない。それでも「やる」と決めてしまったからには、私としてはやめられない。これまで私を支えてくれたオンラインショップのお客様や提携農家さんのためにも、やめてはいけないという思いがあった。「〝農と職をつなげる〟ことで、いつか必ず農家さんやお客様に恩返しをするんだ」という思いで、ただ一杯だった。

これから先、〝安心な食卓〟を守り続けていくためには、より一層、農家と消費者の溝を埋めなくてはならない。それには、体験農園で野菜作りの現場を知ってもらうのが一番だ。また、安全でおいしい農作物を農家さんに作り続けてもらうためには、素晴らしい栽培技術が途絶えてしまう前に後継者対策をしなければならない。それには就農支援で新たな労働力を作り出すのが近道だ。

いつしか、熊本の農家さんたちと育ててきたオンラインショップも体験農園も就農支援も、私が取り組むべき課題としか思えなくなっていた。しかも、うまくいったら、どれだけの人に幸せをもたらすことだろう。そして、私もどれだけ幸せを感じるだろう。考えれば考えるほど、投げ出すことなどできなかった。

ビジネスコンテストでの優勝が追い風に

そんな折、私が株式会社を立ち上げたことを知った大学の先輩が、ある情報を教えてくれた。

「横浜でビジネスプランのコンテストをやっている。それに応募してみたらどうだろう?」

『横浜ビジネスグランプリ』は、国内最大級のビジネスプランコンテストだ。横浜市内で新たな事業を考えている事業者と、将来起業を考えている学生を対象にビジネスプランを募集し、優秀な事業計画には賞金が与えられるものだ。

それを聞いた私はさっそくチラシをもらってきて、応募のための審査シート作りを始めた。

私がコンテストに応募しようと思った理由はみっつ。ひとつは、そのコンテストでは優秀なプランに広告サポートがついていたことだ。広告というのは、とてもお金がかかる。私は農園の取り組みを多くの人に知ってもらいたかったので、広告サポートが受けられるというのは魅力だった。

ふたつめは、コンテストに応募することで、ビジネスの勉強になると思ったことだ。私はそもそも起業に興味があったわけでもなく、経営のこともよく知らない人間だ。たまたま自分がやりたいことのために起業や法人化が必要だったから、そうしただけのことで、ビジネス的な知識はほぼゼロだった。「そろそろちゃんと勉強しなくちゃ」という思いがあった。コンテストの審査シートを作ることで、ビジネスの勉強をする状況に自分を持っていけるのではと思ったのだ。

みっつめは、自分の取り組みが他の人からは、どう見えるのかを知っておきたかったことだ。発表した結果、誰に認めてもらえなくても、私1人でも取り組みをやめるつもりはなかったが、客観的な意見は知っておくべきだろうと思った。客観的な評価を通してもう一度、自分のやろうとしていることの中身を確認したいと思ったのだ。

いざエントリーを決意したものの、実際の審査シート作りは四苦八苦だった。「事業プラン」と言われても、何から作ればいいかわからない。いろんなビジネス本を読んだり、友人にアドバイスをもらったりしながら、なんとかかんとか書き上げた。

すると、私の書いたプランは第一関門の書類審査を通過し、次のプレゼンテーション審査も合格、ついにはファイナリストの10名に選ばれた。まさか自分が本選に出られるとは思ってもみなかったので、最初、通知を受けたときは「えっ、私が⁉」と半信半疑だった。友人や知人も驚いたと思うが、一番ビックリしたのは私だと言い切れる。

でも驚いてばかりはいられない。本選に出るとなると、審査員の前でプレゼンしなくてはならないのだ。それなりにきちんとした資料を作らなければならない。何よりも思いや現場の状況を伝えることが大事だと思ったので、私が作るプレゼン資料は文字が少なく、見てすぐわかるように写真や絵が多くなる。私自身もビジネス関連の本を読んだり、起業者向けの講座を受けたりして勉強した。

プレゼンテーションの持ち時間は6分。短い時間で事業プランの全容をわかりやすく説得力を持って、なおかつ熱くアピールしなければならない。人前で話すのが得意でない私は、カンペを丸暗記して本番に臨んだ。発表している間ずっと、自分で自分の心臓の音が聞こえるくらい緊張していた。

少し話が横に逸れるが、今、私は講演会やイベントなどに招かれて、自分の取り組みを発表する機会が増えている。そのときに感じるのは、どんなにいいことをしようとしていても、聞き手の立場になって説明できないと説得できないし、共感もしてもらえないということだ。

だから、最初の頃はきっちりカンペを用意して、それを覚えていったり、アンチョコ

「横浜ビジネスグランプリ2011」授賞式にて

にして横眼で見ながら発表したりしていた。だが、最近は少し違う。最低限のメモくらいしか用意しない。それは、論理部分は頭に入っているからでもあるが、自分の思いや考えの部分は「自分がそのとき、感じた言葉で伝えたほうがいい」と気がついたからだ。心の奥にある思いや魂、信念といったものは、あらかじめ用意しておいた言葉では伝えきれないものだと思う。

私は本当に話下手で、しょっちゅう言葉に詰まったり、噛んだりしてしまう。以前は、そういうことが発表のマイナスになると思っていたが、今はそれでもかまわないと思っている。一生懸命伝えようとする気持ちがあれば、不器用な言葉でも相手に伝わる。言葉にはそういう力があるようなのだ。

うちの農園にやってくる引きこもりやホームレスたちは話すのが得意でない。私も自分がそうで、人前で声が震えたり、汗が出たりするので、彼らの気持ちがよくわかる。ただ、下手でもいいから話すことが大事なのだ。伝え続けていれば、必ず耳を貸してくれる人はいる。

コンテストのプレゼンの舞台で、練習通りに話すことができたのかどうか、あまり記憶がない。ただ、終わってみると、私のビジネスプランはソーシャル部門の最優秀グランプリを受賞していた。審査員の方々が高く評価してくれたことで、私も「あぁ、私がやっていることは間違いじゃなかった」と安堵し、「このまま進んでいいんだ」という確信を持つことができた。

ちなみに、このビジネスプランは『雇用創造事業　社会起業プラン・コンテスト』という別のコンテストでも大賞をいただいた。

コンテストでの発表後のことだ。審査員からの質疑応答で、そのときの一番の懸念事項だった「ホームレスの住居問題」に対しての質問が出た。

「ホームレスの人たちは、どこから農園に通うの？」

「小島（おじま）さんの計画では、寮のある支援団体と一緒にやるとあるけど、具体的にはどうなっているの？」

私は痛いところを突かれたと思った。寮のある支援団体と一緒にやるのは、あくまで予定であって具体的なアテはこのときに至っても、まだなかった。

私が答えに詰まってあたふたしていると、絶好のタイミングで助け船がきた。たまたま生活保護受給者の支援団体で寮を運営している理事がその場に居合わせ、「小島さんのプランで足りない〝寮のある支援団体〟という点では、自分たちの団体が補えます」

と手を挙げてくださったのだ！

　こんな巡り合わせが本当にあるのかと、私自身が驚いたくらい奇跡的に道が開けた。協力してくれることになった支援団体は『ＮＰＯ法人ふれんでぃ』といって、生活保護受給者に一時的な仮住まいとしての居住施設を提供したり、就労支援などを通して自立を助けるなどの活動をしている。

　名乗り出てくれた理事の皆川智之（みながわともゆき）さんは、施設で暮らす生活保護受給者たちの社会復帰や自立の道を探っておられて、以前から地元の果樹園や農家を回っては「うちの施設で暮らす人たちに手伝える仕事はないか」と声をかけておられたようだ。だが、すでに他から人を受け入れて作業を手伝ってもらっている農家もあり、うまくつながれなかった。そんなとき、私の発表を聞いて「これだ！」と思ってくださったのだと後から聞いた。

　皆川さんとの話し合いで、施設で暮らすメンバーの中から就農に関心のある人たちを募（つの）り、藤沢の農園に来てもらうことになった。話がまとまる頃には、『コトモファーム』も準備が整っていて、気持ちよくスタートが切れる段階にあった。

　今から思えば、ふたつのコンテストでの受賞が追い風となり、すべてのことがトントン拍子で進んでいった。これも、自分がやりたいことや叶えたい夢を、馬鹿にされようが、無理だと言われようが、どんどん声に出して行動していったおかげだと思う。

特に、発信した場が「ビジネスプランのコンテスト」というのが大きかった。

コンペには私と同じように新しいことを始めたいという意識を持った人が多く集まる。また、いろんな業界につながりや情報網を持つ人も集まっている。自分の会社で何か若手を手伝えないかとの思いで聞いている企業人も多い。そうした人たちの集まる場で発信すると、反応がすぐに返ってくる。手当たり次第に発信するより、はるかに効率がいい。

この本を読んで起業したいとか、新しい何かにチャレンジしたいと思った人は、自分が求める情報が集まりそうな場で、積極的に自分の意見や考えを発信することをおすすめしたい。

第4章

生活保護のほうが〝マシ〟？・農業研修に新たな壁

生活保護受給者を初めて受け入れる

生活保護団体と連携するようになって一番大きく変わったのは、農園へ研修にくる人の中で、ホームレスに比べて生活保護受給者の割合が除々に大きくなっていったことだ。

生活保護受給者が生活保護を受けるようになった理由や、そこに至るまでの経緯はさまざまだ。うちの農園に研修にきていた人の場合は、たとえば次のようなパターンがあった。

もともと経営者だったが会社が倒産してしまい、再就職しようとしたのだが、年齢が高くて仕事が見つけられなかった人。

同じような経緯でも、年齢よりプライドが邪魔をして就職できなかった人。

日雇いの肉体労働をしていたが、年齢的に体力が衰えて職を失った人。

年齢的にも体力的にも問題ないが、コミュニケーションが苦手で就職活動がうまくいかない人……。

バックグラウンドもさまざまなら、メンタル面にもかなりの違いがある。

働く意欲はあるが、働く場所がないから働けない人。

自信や、働くという行為そのものに対する希望を失い、自暴自棄になっている人。

働くどころか、生きる気力を失ってしまっている人。

つらい思いをして働くより生活保護を受けることを選択し、それなりに今の生活に満足し、楽しんでいる人……などなど。

「働く意欲はあるが、働く場所がないから働けない人」というのは、仕事へのモチベーションが高いので、農業界にとっても即戦力になる。農家さんへも堂々と胸を張って推薦できる。このタイプの生活保護受給者は、以前から接してきたホームレスの人たちと共通点も少なくないので、私もあまり戸惑うことはなかった。

問題は、働くことへのモチベーションが低い人たちだ。私は当時、農園のあり方や存在意義を「農作業を通して、人々が働く場所を見つけるための研修の場」と考えていた。だから、正直、働く場所を求めていない人たちに、どう関わっていけばいいのか困ってしまったのだ。働く意欲の低い人は、農業でも他のどんな職業でも、仕事を見つけるのは難しいだろう。

「就農や社会復帰が目的でないとしたら、うちの農園は彼らに対して何ができるのか」

私の中に大きなテーマが生まれた。このテーマはしばらく後まで解決することなく、私の中に課題として残り続けることになる。

ホームレスと生活保護受給者、何が違う？

ホームレスとは、仕事も家もなく路上などで野宿生活をしている人たち。一方、生活保護受給者は、国から毎月生活保護費の支給を受けている人たちだ。生活保護受給者も「仕事を持たない」という点ではホームレスと同じなのだが、「生活保護によって最低限の生活は保障されている」点でホームレスとは境遇が大きく異なる。

「ホームレスと生活保護受給者で何が違うか」と聞かれたら、私は「目の輝きが違う」と答える。ホームレスの人たちを見ていて感じるのは、それぞれつらい経験をしてはいても、働くことへの意欲や働ける喜びみたいなものは失っていない。彼らは働いてお金を作らないと食べていけない。そうでないと今日を生き抜くことができない。彼らにとって「仕事がある」「働ける」のは「今日も生きられる」のとほぼ同義なのだ。だから、仕事ができることがありがたいし、嬉しいし、「働かなくては」というモチベーションが高いのだと思う。

一方、生活保護受給者たちを見ていて感じるのは、魂が抜けたようになっている人が多いということだ。仕事をする・しない以前に、生きることそのものへの意欲が薄いというのか、ごはんを食べたりお風呂に入ったりはしているけれども、そこに喜びがないように見受けられる人がいる。

この差がどこから生まれるものか、私なりに思う点がひとつある。それは、「〝生きる〟という意味合いの違い」だ。

ホームレスの場合は「生きることそのもの」が生きる目標になり得る。だが、生活保護受給者の場合は、生きること自体は保障されているわけで、そうなると別の生きる目標や意味を見つけなくてはならない。

「衣食住の確保」の次に生きる目標となり得るものがあれば、「生きがい」になるのだろうか。「生きていてよかった」とか「これのために生きている」と言えるような何かが、彼らの中には見つけられていない気がする。

「これからどうなっていきたいか」や「今、何をすればいいか」もわからなくなるのではないだろうか。

ある生活保護団体によれば、365日、施設から一歩も出ないで過ごす人が何人もいるという。しかも、一時的な避難場所であるはずの施設に5年も10年も住んでいて、そこから抜け出せなくなっている人も中にはいるのだ。

長く生活保護を受けているうちに自立して生活する喜びを忘れ、現状に慣れ切ってしまうのだろうか……。自分なんかどうなってもいいと諦めているのだろうか……。「頑張って外に出て、もう一度社会復帰を」と行動を起こせる人は多くないのだそうだ。

ひと口に「生活保護受給者」と言ってももちろん一人一人違って、全員が無気力なわけではない。「ちゃんと働いて自分で家を借り、自分の力で生活していきたい」と生活保護からの脱出を志す人もいる。ただ、「苦労して働いたって大した額にはならない。それならいっそ生活保護のほうがマシ」という人や、働く気力さえなく、ただ毎日を過ごしている人が存在しているのも事実なのだ。

農園に通ってくる生活保護受給者は、生活保護支援団体のスタッフが声かけをして、農業に興味を示した人たちだ。農業に興味を示すといっても、最初から「将来は農家になって自立するぞ」とバリバリの目的意識を持ってくる人はあまりいない。どちらかと言えば「今のままではよくないから」「引きこもっていないで外に出たほうがいいと支援スタッフも言っているし」といった消極的・受動的な動機で始める人が多い。就職以前の〝社会に慣れる〟とか〝自分を立て直す〟といったリハビリ的な目的が強いのだ。彼らの場合、勤労意欲や社会復帰への意欲が低いというよりは、まだその段階にまで気持ちや体が及んでいないと見るべきだろう。

私は生活保護受給者をこれから受け入れていくにあたって、これまでのやり方では通用しないことを覚悟しなければならなかった。

増え続ける生活保護受給者とその対策

生活保護受給者は増えているように思われているかもしれないが、実際は平成25～27年あたりをピークにして受給世帯数も受給者数も大きく減少している。

生活保護受給世帯および人数が減少したことの理由としては、生活困窮者の自立支援・就労支援に力を入れたことや、生活保護の適用ルールをより確実・適正化したこと、心や体に病気を抱えた方に受診を進めるなどして医療とつなげたこと等がある。

どんな人たちが生活保護を受けているかというと、65歳以上の高齢者世帯、母子世帯、障害や傷病で働けない世帯、その他である。その他というのは、高齢でもなく母子家庭でもなく障害や傷病もない世帯、つまり主に倒産やリストラで職を失った人や低所得で生活が困窮している人たちということになる。いわゆる元ホームレスや引きこもりはここに含まれる。

Ｐ１２９の表１の「その他の世帯」を見てほしい。平成20年と比較して平成30年には2倍強になっている。構成割合でいえば約１・５倍だ。「生活保護を受ける人が増えた」とよく言われるのは、10年前との比較で言われているのである。直近の数字の推移で見てみると、平成25年に約29万世帯でピーク時を迎えた後は毎年１万弱世帯ずつ減少し、平成30年には25万世帯を下回っている。

財務省では、「その他の世帯」に就労可能な世帯が多く含まれていると考えているようで、就労自立促進事業のための予算を組み、「その他の世帯」での就労促進を強化している。

しかし、平成25年頃の調査では「その他の世帯」のうち、50歳以上の割合が半分以上だった。「その他の世帯」には、夫65歳、妻50歳のような組み合わせの世帯も含まれている（65歳以上の者のみで構成された世帯か、これに18歳未満が加わった世帯を「高齢者世帯」としているため）。実際のところ、「その他の世帯」を就労につなげようとしても、今の日本の雇用では年齢的な壁から困難なケースも少なくないと思われる。

生活保護費として使われる予算は、平成21年以降、常に３兆円を超えている。その内訳の半分近くの46・９％が医療扶助であることが、Ｐ１３１のグラフ５から見て取れる。

グラフ4 被保護人員、保護率、被保護世帯数の年次推移

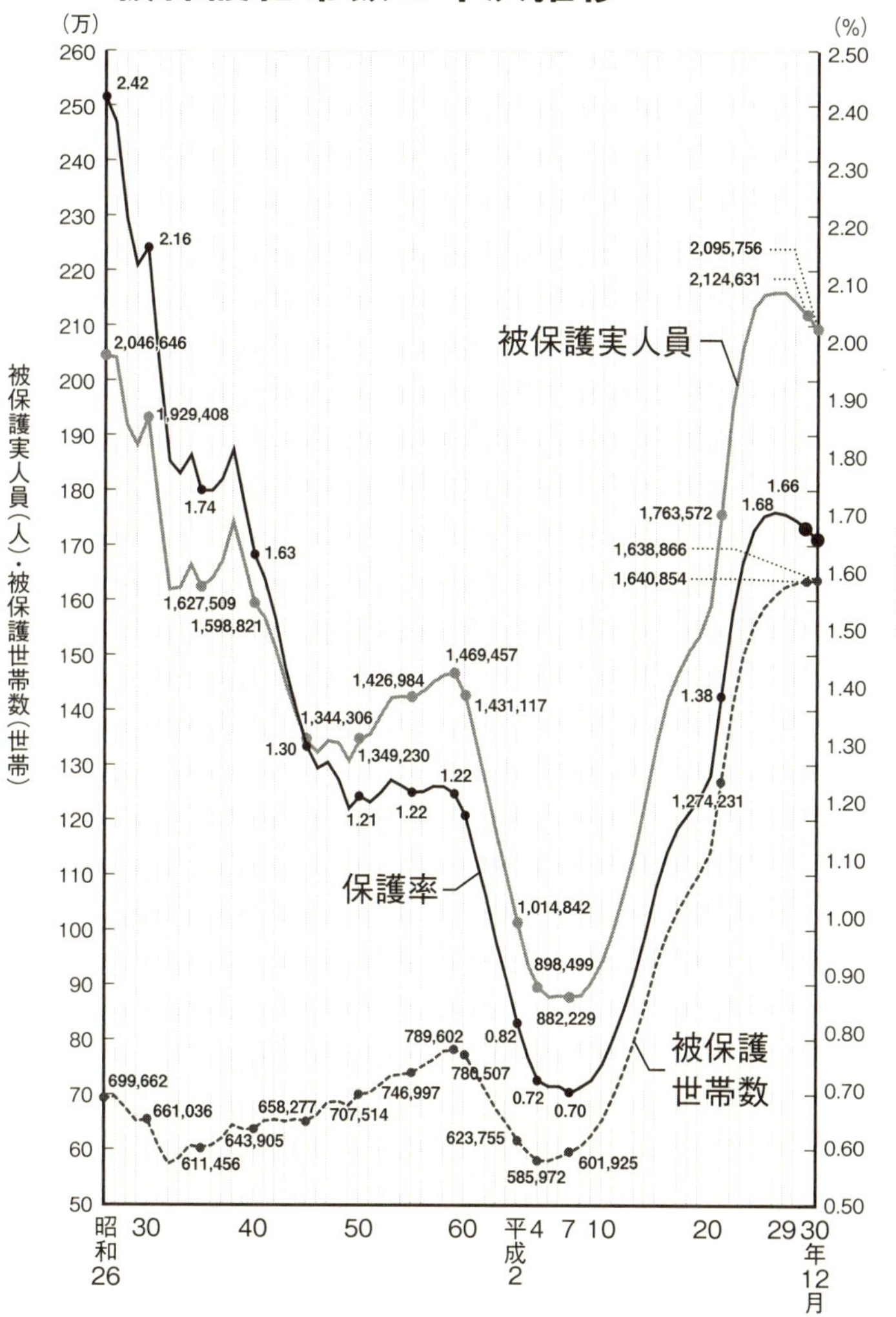

資料：被保護者調査 月次調査（厚生労働省）（平成23年度以前は福祉行政報告例）

一部の人から「生活保護を受けている人は怠け者だ」「社会に甘えている」という意見を耳にすることがあるが、実態としては医療を必要としている人が多いため、働きたくても働けないケースが多いのだ。高齢者が増えている事実も医療費負担額を押し上げる一因になっている。

生活保護の話題になると、必ずと言っていいほど不正受給の問題が取り沙汰される。あたかも生活保護費を不正受給している人が世の中にたくさんいるようなイメージが一般にはあるだろう。だが、実際には不正受給は全体から見れば約0・5%にすぎない。0・5%の中には、母子家庭で子どもが18歳になり、アルバイトなどで生計を助けるようになったが、子の収入まで世帯収入に含めて申告しなくてはいけないことを母も子も知らないでいるケースも多い。

不正受給の割合が小さいからといって決して見逃していいわけではないが、生活保護費のほとんどが、本当に援助を必要としている人に正しく使われていることをわかってほしい。

とはいえ、生活保護費が年々膨れ上がっていることは事実で、これを食い止める対策も論じられている。

対策にはふたつの方向性があると言われる。ひとつは、生活保護受給者に雇用を与え、

表1 世帯類型別の保護世帯数と構成割合の推移

平成20年度

	被保護世帯総数	高齢者世帯	母子世帯	傷病・障害者世帯	その他の世帯
世帯数	1,148,766	523,840	93,408	407,095	**121,570**
構成割合(%)	100	45.6	8.1	35.4	10.6

2倍強増

平成30年12月(概数)

	被保護世帯総数	高齢者世帯	母子世帯	傷病・障害者世帯	その他の世帯
世帯数	1,638,866	881,915	86,824	413,879	**247,992**
構成割合(%)	100	54.1	5.3	25.4	15.2

世帯類型の定義

高齢者世帯:男女とも65歳以上(平成17年３月以前は、男65歳以上、女60歳以上)の者のみで構成されている世帯か、これらに18歳未満の者が加わった世帯

母 子 世 帯:死別、離別、生死不明及び未婚等により、現に配偶者がいない65歳未満(平成17年３月以前は、18歳以上60歳未満)の女子と18歳未満のその子(養子を含む)のみで構成されている世帯

障害者世帯:世帯主が障害者加算を受けているか、障害・知的障害等の心身上の障害のため働けない者である世帯

傷病者世帯:世帯主が入院(介護老人保健施設入所を含む)しているか、在宅患者加算を受けている世帯、若しくは世帯主が傷病のため働けない者である世帯

その他の世帯:上記以外の世帯

資料:厚生労働省　被保護者調査(平成30年12月概数)

を受けないで済む支援をすること。もうひとつは、生活保護予備軍の人たちに対して、生活保護を受けないで済む支援をすること。

生活保護受給者に雇用を与える活動は、国や自治体、企業も取り組んでいる。神奈川県川崎市では、民間の企業と協力して102名の雇用に成功した実績もある。ただ、大学新卒者でも6割程度しか正社員としての就職が決まらない現在、生活保護受給者がしっかりした雇用を得られるチャンスはまだ多くない。今は生活保護受給者の雇用の機会がようやく増え始めた段階にすぎず、生活保護受給者の多くが経済的に自立できるようになるまでには、しばらく時間がかかりそうだ。

生活保護予備軍の人たちに向けては、平成25年12月に「生活困窮者自立支援法」が成立し、新制度が施行されている。新制度では、全国の福祉事務所に相談窓口を設置し、生活困窮者に生活保護を受ける前段階でできることを提案していく。

ただ、相談窓口で具体的に仕事をあっせんしてくれるわけではない。実は、各自治体に相談窓口を設置することは法律で決められているのだが、そこから先は任意なのだ。だから、就労支援に積極的な自治体と、そうでない自治体が出てきてしまう。相談窓口だけの自治体では、本当に相談だけで終わってしまい、後は「ハローワークに行ってください」と言われることもあり得るのだ。

グラフ5 生活保護費負担金（事業費ベース）実績額の推移

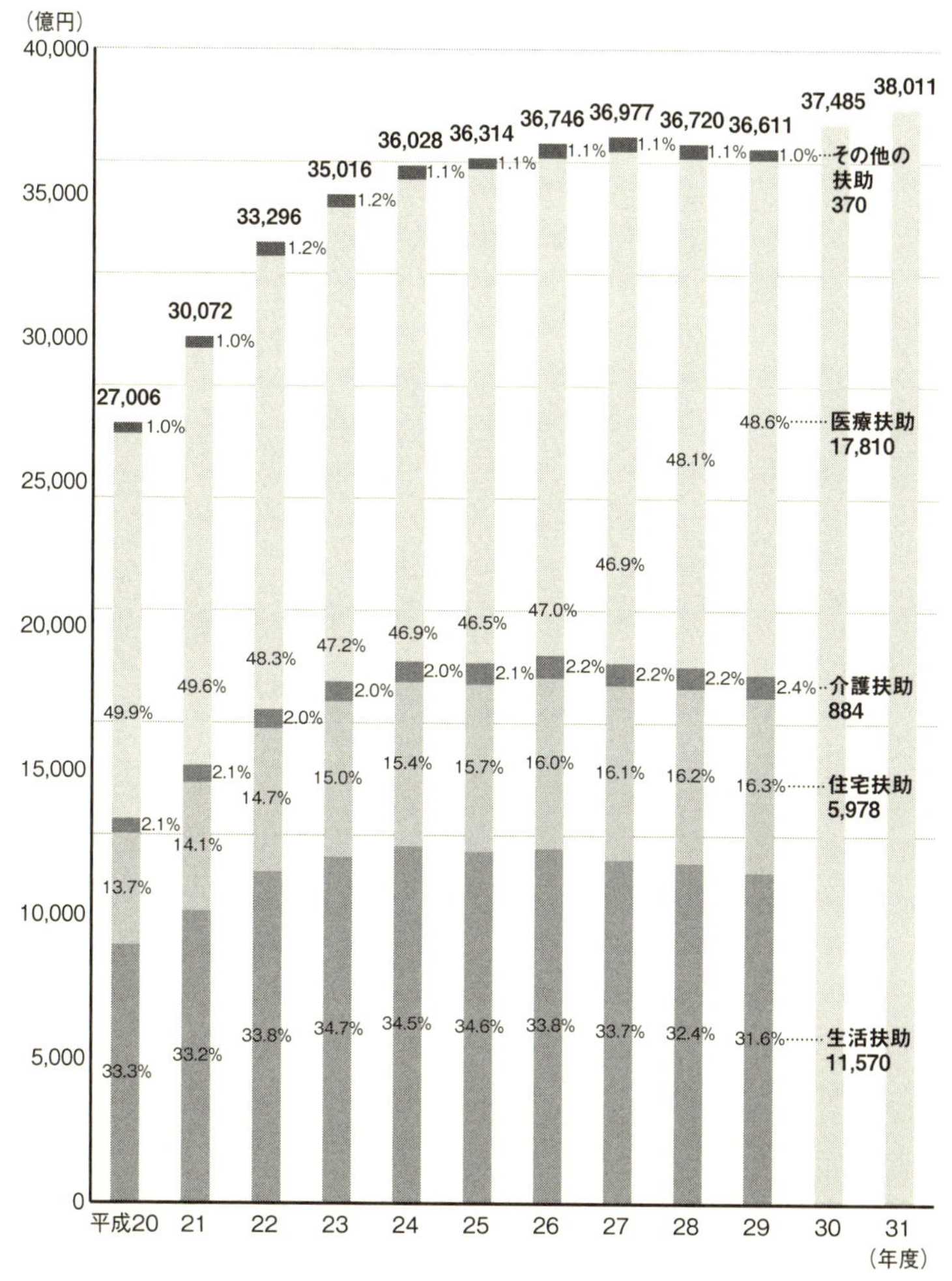

※1 施設事務費を除く
※2 平成23年度までは実績額、24年度は補正後予算額、25年度は当初予算額
※3 国と地方における負担割合については、国3/4、地方1/4
資料：生活保護費負担金事業実績報告

この点、まだできたばかりの制度で中身が充実していないこともあると思う。うまく機能するようになって、生活保護を受けずに済む人が増えるようになればいいのだが。

私の農園での取り組みは、このふたつの対策のちょうど中間に当てはまると思う。生活保護受給者に就農してもらえば、経済的な自立を後押しできる。また、ホームレスや引きこもりなど生活保護予備軍の人も、就農によって生活保護受給を回避できるかもしれない。

ただ、現実問題として私の目の前にいる生活保護受給者の多くは、働くことへの意欲が高い人ばかりではない。彼らが就農、そして経済的自立にまで到達するには意欲の問題をどうにかしなければならないのだが、この点についての特効薬を私は持ち合わせてはいない。

人の心を動かすというのは、外側からできることではない。スイッチを押したら電気がつくというのとはワケが違うのだ。

自分自身を大切にしないことへの怒り

一部の生活保護受給者の心の内には、「働かなくても生きてはいける。だったら、何のために働くのだ」という思いや「就職活動してもどうせ就職できない。もういいや」といった思いが混在している。それゆえに無気力で、投げやりで、自分を大事にできない人が多い。なぜこんなことが言えるのかと思うかもしれないが、彼らの日々の行動にそれがよく表れているのだ。

たとえば、こんな一件が起こった。

ある生活保護受給者が、酔っぱらった状態で農園に停めてあった支援団体の車を運転した。しかも無免許だったのだ。

それを知った私は、その人を注意した。

「無免許のうえに飲酒運転はダメですよ。何か事故が起きたらどうするんですか！」

すると、彼は憮然として言い返してきた。

「俺の問題だ、俺が責任取るからいいだろ」

彼が言う「責任を取る」とは一体どの範囲を指すのだろうか。ケガさせた人の面倒を一生見るのか。とてもその覚悟があるようには見えなかった。死んで謝るのか。私は彼らが抱える深い闇を覗いた気がした。

そのときは、私も彼の無法ぶりが頭にきて冷静になれなかったのだが、後から聞いた話では、農園にきていた他のメンバーで気分が悪くなった人がいたという。その人を介抱するため、「休める場所に運ばなくては」と思い、彼は飲酒の状態で無免許運転をしてしまったようだ。それにしても、その場にいた素面（しらふ）の免許持ちのメンバーに頼むという方法は考えなかったのだろうか……。

ともかく、彼のように「法を犯してもいい、自分なんかどうでもいい、自分は犠牲になってもいい」という考えは、自分をないがしろにしていると思う。自分を大事にしていないから、私はよけいに腹が立ったのだ。

彼らが抱える闇とは、「自分なんか、人生なんか、どうなってもいい」という気持ちだ。自分がいてもいなくてもいい世の中ならば、「そんな世の中どうだっていい、法律なんて知ったことか」と考えてしまったとしても不思議ではない。だから、彼らは自暴自棄になり、社会のルールを気にしなかったり、世の中に対して自分から働きかけをやめてしまったりするのだと思う。

そういう彼らを相手に、これから私はどうしていけばいいのか。彼らの闇を覗いたことで、何だか大きなものをまた背負った気がした。

どうすれば彼らの中にある「自分を大切にしないクセ」を「自分を大切にするクセ」に変えることができるだろうか……。

その頃の私には答えがわからなかったが、今の私なら答えを知っている。たくさん傷つき、自信を失った人たちを見てきて、だんだんわかってきたのだ。それは農園に来るメンバーたちと、生身の自分で向き合うしかないということだ。彼らが失っているものが自信や誇りだとしたら、私も他の人も、それを直接彼らに与えることはできない。自信や誇りは、彼らが自分の手で自分の中に見つけなければならないものなのだ。

ただ、彼らが探す間、私も一緒に探すことはできる。

探し物は1人でするより、複数でしたほうが早く見つかる。「こっちにあるんじゃない？」「こういうところに、よく隠れているんだよね」などと言いながらみんなで探すことで、1人では気づかなかった視点が生まれ、失くしたものを見つけやすくなる。

失った自信や誇りもそれと同じだ。とことん彼らに付き合って、自信や誇りを取り戻す手助けをするのが私の唯一できること。結局は、それしかないのだということが、この6年の活動でわかった。

私はあなたのお母さんにはなれない

農園に来る人たちの中で、人によっては、人との距離感をつかめずに、自分の寂しい気持ちや不安な気持ち、甘えたい気持ちを、ぶつけてくる場合がある。たとえば、何度も電話してきたり、メールを送ってきたり、中には、「お金を貸してほしい」と頼ってきたりする人もいる。

私がもし彼らの母親だったら、とことん対応して、全力で愛情を注がなければならないかもしれない。最後まで責任を負う覚悟で付き合うことになるだろう。でも、現実にはやっぱり私は彼らの母親にはなれないし、どこかで線引きをしなければならない。与えて、与えて、与え尽くした結果、ボロボロになって共倒れしてしまったら、私にとっても彼らにとっても不幸だからだ。

こんなことを言うのは、実際にホームレスを救おうとして、すべてを捧げ尽くし、ボロボロになっていった女性を目の当たりにしているからだ。その女性とは、私が「ホームレスをアルバイトに雇いたい」と言い出したとき、最初に協力してくれたCさんだ。

彼女はとことんホームレスたちに尽くしているうちに疲れ切り、体を壊して、ボランティアどころではなくなってしまった。彼女もかわいそうだったが、Cさんという唯一とも言える心の拠り所を失ったホームレスたちもかわいそうだった。共倒れにならないためにも、互いに適度な心理的な距離を取らなくてはならないと気づかされた。

その教訓があるから、私は「もうこれ以上は無理だ」となりそうなときは、思い切って「私はあなたのお母さんじゃないですから」と言い、あえて一定の線引きをするように心がけている。

「私はあなたのお母さんじゃない」

これまで何度言ったことか。そして、言うたびに毎回、とても心が痛む。「突き放すような言い方をしてごめんね」と心の中で謝る。でも、苦痛を味わってでも、そう言い切ることがお互いのためだと信じて、私は言う。

最近よく思うのは、ずるずるとサポートを続けるのは、「自分が傷つきたくないから」ではないかということだ。たとえ自分が傷ついても、はっきり「ここまで」と線引きすることが本当の優しさではないか。私は、自分のためにも相手のためにも「これ以上はダメ」と言える人間でありたい。

結局のところ、自分を立て直すのは自分しかいない。誰かが彼らを支えてまっすぐに立たせても、手を離せば彼らはまた倒れてしまうだろう。私が彼らのつっかい棒になることが大事なのではなく、彼らと、彼らの中にある「つっかい棒」を一緒に探すのが、本当の意味で彼らを助けることになるのだと信じている。

「心の自立」をするには、自分の中に、困ったときや苦しいときに支えにできる、内面のつっかい棒が必要だ。「ピンチがチャンス」という座右の銘でもいい、「自分は健康な体を持っている」という自信でもいい、「生きているだけで丸儲け」という開き直りでもいい。そういうつっかい棒がひとつでも内面にあると、いざというとき踏ん張れる。そして、自分で自分を立て直すことができる。

真面目すぎて生きることが難しくなってしまう引きこもりたち

さて、農園では生活保護受給者やホームレスを受け入れることにも少しずつ慣れてきて、他に引きこもりの支援団体からの受け入れも始まった。引きこもりとは、若くて仕事を持たないで家に引きこもっている人たちだ。私にとって初めての試みだったが、その体験を通して、彼らは彼らで、ホームレスや生活保護受給者とは違った問題を抱えていると気付かされた。

「働きたいけど働けない」という意味では、引きこもりもホームレスや生活保護受給者と似ている。だが、引きこもりの場合は、社会で働いた経験がゼロ、もしくは経験があってもごく少ないため、「働き方がわからない」「働くことのイメージが湧かない」面がある。

彼らの一番の特徴は、「真面目すぎるほど真面目」という点だ。人に言われた言葉を真正面から受け止めてしまう。特に、相手からのマイナスの言葉や評価をそのまま信じてしまうようで、とても傷つきやすいし、自分に自信がない人が多い。おそらく彼らにとって、世の中はいつ傷つくかわからないとても危険で怖いところなのだと思う。だから、自分を守るために、外に出ないで引きこもってしまうのかもしれない。

引きこもりと聞くと、仕事をせずに家にこもっている印象を抱く人もいるかもしれない。実際には、職場にうまく馴染めなかったり、真面目がゆえにちょっとした失敗がトラウマで働くことに躊躇したりするのだ。

私はよく引きこもりの子たちに言う。

「失敗したっていいじゃない。失敗したって命まで取られることはないよ」

「人の言うことなんか、ハイハイって言って聞き流すくらいでいいんだよ」

「ときには〝いい加減〟でいることも必要だよ」

でも、彼らはなかなかその〝いい加減〟になれないようだ。そもそも〝いい加減〟になろうと一生懸命努力するという矛盾にも陥りかねないくらい、彼らは真面目なのだ。引きこもりたちはその真面目さを活かせばいい働き手になり得るのだが、自分の殻を破るのに時間がかかってしまう。「どうせ自分なんて」という思い込みがしばしば邪魔をする。

また、現代の社会が求める〝個性〟といえるものを持たない人間、現代の風潮に合う好きなものや得意なものがない人間は、まるで〝ダメ人間〟のように思えてしまうのかもしれない。うちにくる引きこもりたちの中にも、もしかして誰かに言われたような経験があるのか、「自分は個性のない、つまらない人間だ」と思い込んでいる人がいる。

でも、自分の好きなものが見つからない人なんて、この世には大勢いる。むしろ見つからない人のほうが多いかもしれない。

昔は自分に向いている・向いていないで仕事を選ぶより、与えられた仕事や今できる仕事をするのが当たり前の感覚だったと思う。それでも目の前の仕事をやっているうちに、いつしか上手になっていき、好きになっていく。とりわけ職人の世界などはそうだったと思うのだ。

それが今は、自分の好きなことを見つけて、自分に合う仕事を選ばなくてはいけない気にさせられる。しかも失敗を許さない風潮のある中で、だ。そうなると、仕事を自分で選んで就職することが、とても大層なことに思えてくる。真面目で慎重な引きこもりたちにしてみれば、なおさら難しいだろう。

農業にも向き不向きは当然ある。でも、自分に農業が合うか合わないかは、実際に農作業を経験してみなくてはわからないことだ。今の日本の教育制度では学生のうちに農業に触れる機会は少ないから、就職のとき、「農業」が選択肢に入ることは圧倒的に少ない。

農園にきて畑仕事をしてみることで、「この業界ならやっていけそう」と気づいてもらえれば嬉しい。農業が合わなくても働くことのイメージをつかんでもらえれば、それでもいいと思う。

まず、引きこもりの人たちには「〝働く〟ことの感覚を知ってもらう」こと。そして、「日光の下で仲間と共に身体を動かすことを通して、自分のよさに気づいてもらう」ことが目標になった。

自分の居場所を確保するための争い

ホームレス、生活保護受給者、引きこもり、ニート——うちの農園には本当にいろいろな事情やバックグラウンドを持った人たちがやってくる。多いときで12人が集まるのだが、構成員やグループによって毎回少しずつ、あるいはまったく空気感が違ってくる。小学校でやんちゃなクラス、おとなしいクラス、仲よしのクラス、まとまりの悪いクラスなどがあるのとよく似ている。だから、受け入れ方や農業指導の仕方をマニュアル化するのはとても難しい。今回のグループではうまくいった方法も、次のグループではうまくいかないこともしょっちゅうだ。

これまで一番頭を痛めたのが、研修メンバー同士での「居場所争い」だ。40歳以下の若い世代にはあまり見られないのだが、50代、60代には多いように思える。精神的な居場所に対する執着心が強いのだ。

本来なら居場所はどこにでも、あるいは、どこかにはある。家庭、学校、職場、ご近所付き合い、趣味の集まり、自然の中でもどこでもいい。物理的な場所でなく、精神的な拠り所でも構わない。誰でもひとつやふたつは自分の居場所と呼べるものがあるものだ。

しかし、その居場所がなかったり、少なかったりする場合、農園での居場所争いが発生する。

リーダーになってよりよい場所を確保したい者、サポート的な立場がしっくりくる者、中立的な立場でつかず離れずが居心地のいい者など。特にリーダー候補が複数いる場合が厄介だ。お互いで言い争いをしたり、他のメンバーをより多く自分の味方につけようとしたり、自分がリーダーに相応しいとアピールしたり……。

リーダーになった者は自分の居場所が確保できるからそれでいいが、リーダー争いに敗れた者はどうなるかというと、たいてい畑にこなくなる。リーダーになれなかった人に、「それでも畑にくればいいじゃないの」と何度か言ったことがあるが、そこには私にはわからない〝男社会の暗黙のルール〟があるようで、勝負に負けると来られなくなるものらしい。

彼らのリーダー争いを見ていて、私はふと「マズローの5段階欲求」を思い出した。「マズローの5段階欲求」は、人間の欲求を5段階に分け、下位の欲求が満たされると、その上のレベルの欲求を満たそうとするという、心の動きを説明した理論だ。

生きるための衣食住が手に入ると、次は生活の安定を求め、生活の安定が手に入ると、今度は社会的な自分の居場所がほしくなる。農園のメンバーの中でリーダー争いが起きるのは、まさに、この欲求のためだ。

「グループに属していたい」「グループに自分の居場所がほしい」「〝ここにいていい〟という実感がほしい」という切望が、彼らにリーダー争いをさせるのだと思う。

ちなみに、マズローの理論によると、社会的な居場所が手に入ると、次は「人に褒められたい」「人に認められたい」という他者からの承認の欲求が芽生える。農園のメンバーが「ありがとう」「手際がいいね」という言葉で蘇っていくのは、とても自然な心の動きなのだ。

さらに高みの欲求になると、「自分自身を追求したい」「能力や技術を磨きたい」という欲求になる。農園のみんなが自分の好きな道を見つけて、「もっとうまくなりたい」「もっと自分を高めたい」と思ってもらうことができたら、最高だ。私はそんな思いで毎日、彼らと向き合っている。

大事なのは、言葉ではなく行動を見ること

農にかぎらず人を導くのは、とても難しいことだ。聖人君子でもなければ学校の先生でもカウンセラーでもない私には正直、荷が重いと感じることも多々ある。「今日もトラブルが起きるんじゃないか……」と考えると、あんなに好きな畑に行くのも足が重くなる。

どんな人やグループにも対応できるマニュアルや、「こういうふうにすればうまくいく」という法則があればいいのだが、この点については今でも私の中で絶対の正解は見つかっていない。唯一、言えるとしたら「相手の言葉ではなく、行動を見る」ことだ。心の中にある本当の気持ちと、口から出てくる言葉はしばしば矛盾している場合がある。心の中の気持ちを知るには、その人の行動を見るのが一番だ。

それを知るきっかけになったのが、ある生活保護受給者の男性の行動だった。

「畑にくるよりパチンコしていたほうがいいから、もう畑にはこないよ」と言って、帰って行った男性がいた。そのとき、私はカチンときて、

「うちは時間をつぶす趣味の場を提供しているんじゃない。そんな考え方なら、もうこなくて結構」

と思った。だが、数日後、私が自分自身と向き合う時間がほしくて誰もいない時間帯に畑にいくと、なんとその男性が1人で作業をしていたのだ！

「まさか、悪さをするんじゃないだろうな？」と心配になって隠れて見ていると、彼は大切そうに愛おしそうに野菜たちの手入れをしていた。口では「畑仕事なんて」と強がりを言いながら、心の中では野菜作りを楽しみにしていたに違いないのだ。

私は彼に話しかけようかとも思ったが、胸がいっぱいになってしまって話しかけられず、その姿をじっと見ているだけにした。

この一件があって、私は「言葉の裏にある言葉に耳を傾けないといけない」と気づかされた。

「俺なんてダメだ。働く自信がない」と言っている人が、実は心の内では誰よりも「働きたい」と思っている場合がある。逆のケースで、「俺は働きたいんだ」と口では言っているものの、本気で思っていない場合もある。支援団体などの手前、働く意欲を見せないといけないので一応は畑に出てきて働くのだが、心の奥では「つらい思いをして働くより、生活保護を受けていたほうがいい」と思っている人もいるのだ。そういう人たちは、最初は頑張っているポーズを取るが、寒い日や暑い日は足が遠のき、やがてこなくなってしまう。

働く意欲を失った人、生きる気力を失った人、自暴自棄な人にどう接すればいいのだろうか……。農園として何ができるのか……。

以前からの課題ではあったが、いよいよ真剣に考え込んだ私は、「いっそ受け入れるのを〝将来、農業界で働く意欲がある人のみ〟という括り(くく)にしてしまおうか」と考えた。

人を選択しないという選択。幸せの図式を実現したい！

「将来、農業界で働く意欲がある人のみ」という基準を設ければ、意欲が高くて即戦力になる人たちが集まってくるだろう。そうしたら、後々に苦労を抱え込む確率も低くなるだろう。私の心だってこのままでは折れてしまうかもしれないのだから。

そんな気持ちである朝、私は1人きりで畑に出た。とりあえず、お腹いっぱい空気を吸ってみた。土や葉っぱの匂いが体に沁み渡り、少しだけ気分がよくなった。そして、しゃがみ込み、黙々と作業をした。わざと手元以外を見ないようにして、ひたすら作業に集中する。葉っぱの産毛、その上をするりと滑る露、隣の葉っぱには虫に齧られた小さな傷、葉っぱを避けるとその下に、小さなピーマンの実ができかけている……。そんなふうに1人で静かに野菜と向き合っていると、不思議と心の整理がついてきて、ひとつの答えが私の中に浮かんだ。

「農業界で働く意欲のある人だけを受け入れ、そうでない人をシャットアウトするやり方は、私の目指すものではない」

私の目指すものは「農に関わる人はすべて幸せになる」という図式だ。人選によって農に携われない人を作る時点で、私は私自身が描いた図式を否定することになってしまう。

大好きな自然に触れる仕事だけして、人と接することを避けて、目の前にある問題を「見て見ぬふり」するような選択をしたら、私はきっといつか後悔して自分を責めることになるだろう。たしかに、「自分で作ったおいしいものをお腹いっぱい食べたい」「晴耕雨読な生活がしたい」それは私が農業を始めた動機の一部ではある。でも、それだけで本当によいのかと考えたとき、「自分さえよければいい」という選択をして、後悔する人生だけは送りたくないと思った。

私にはこれまで支えてくれた農家さんや仲間たちがいる。嫌なことは後回しにして、面倒なことは避けて通っていたのでは、みんなに申し訳ない。それに今、私がここで人選などしたら、畑に生きる場を求めてきている人や、今は働く意欲がなくても、もう少しで気力を取り戻すかもしれない人、今まさに自分への自信を失いかけている人たちは、どうなってしまうのか。口では憎まれ口を叩いていても、心の中では生きるか死ぬかの瀬戸際で、農業に賭けている人もいるかもしれない。

私自身も「農」で自分自身を変えることができた1人だ。農と出会って心が豊かになったことで、自分の欠点を受け入れられるようになり、自分のやりたいことが見つかった。素晴らしい人々とも巡り会えた。私は農をやってきてよかったと100%の気持ちで言える。

きっと私以外の人たちも農を通して、何らかの幸せを手に入れるはずだ。それが就農であろうとなかろうと。

私は、就農や勤労意欲にこだわることをやめた。それよりも「農という舞台」で少しでもいいから、気づきや変化を得てもらうことを優先したいと思った。生きる意欲のない人たちに、生きていることは楽しいと感じてもらえたり、自暴自棄になっている人たちに、自分も他人も大切だと気づいてもらえたりすることが、何よりも大事なことだ。

私は自分自身の今までを振り返り、前に進むために必要だったものは何かと考えた。

それは「畑で植物や生き物と向き合うことで、自分自身と向き合う場が持てたこと」、そして「支え合う仲間がいたこと」だった。

農園へ研修にくるみんなにもこのふたつがあれば、必ず心に変化が起こり、前に進んでいけると思った。

みんなで前進するためのルールとゴール

私はどんな状態の人であれ、畑に足を運ぶ人は受け入れると決意し、農園に集う全員にとってのゴールを設定した。

①各人が土と向き合うことで、自分自身とも向き合うことを目指す
②農作業を通じて、自分のいいところを見つける
③つらいときに支え合えるような仲間作りを心がける

これらの目標は、農作業のとき、新しい作業についての説明の前後など、事あるごとに明確に伝えていった。

このみっつを達成するために、いくつか農園でのルールを決めた。たとえば、「畑に

来る前に飲酒はダメ」とか「勝手に農園の備品を持って帰ってはダメ」とか「隣の農園から道具を黙って拝借するのはダメ」「理由なく遅刻や欠席をしてはダメ」など。どれも実に単純で基本的なのだが、研修生の面々には言っておかないといけないルールだった。はっきり言って、「禁止!」ばかりの内容だ。でも、農園とはそういうことをしてはいけない場であるということを伝え、「ルールを守る」行為の積み重ねが、みんなが過ごしやすい場を作り、ひいては集団の秩序を作るのだとわかってもらう必要があった。

集団の秩序の先に、仲間の和がある。仲間の和ができれば社会的な居場所を得ることができる。そして、その先に、「人に認められたい」「もっと自分を高めたい」と自らの道を拓いていけるだろう。

農園をひとつの小さな社会に見立て、そこでの社会性を身に付けてほしかったのだ。これは将来、もっと大きな社会に出ていくための練習だ。

ただし、これらのルールは私だけで決めたのではない。私が「お酒を飲んで来ないで」と言っても、本人たちが納得しなければ、彼らは守らない。押しつけられると反発したくなる気持ちは、誰だって同じだ。

「なんでお酒はダメなのさ」と反発が起きないためには、〝みんなで話し合ってルールを決める〟ことが大事だ。私は自分がみんなに守ってほしいと思うことを、みんながいる場で挙げていった。

「私は農園ではケンカはしないでほしい。お酒は飲まないできてほしい。そう思うんですが、みなさんはどうですか？　意見があったら言ってください」

すると、メンバーの中から「お酒はやっぱりダメでしょ。ケンカも農園にはふさわしくない。頑張ろうとしている人の足を引っ張るのはよくない」という意見がたいてい出てくる。

そこで、「じゃあ、みなさん、農園でケンカはしない。お酒は飲まない。酔っぱらってこない。そういうルールを作ってもいいですか？」と聞けば、彼らも快く承諾してくれる。そして、自分たちが作ったルールだから、基本的に守る。

人間はロボットではないので、「お酒は飲まない」とインプットしても100％守れるわけではない。それはそれで、ルールを破った都度、注意をしていくしかないと思う。そもそも私自身も仕事を離れれば、かなりルーズなほうなので、つい欲望に流される彼らの気持ちはよくわかる。だから、100％は目指さない。お互いの信頼関係を築く中で、70％、80％、90％とルールを守る確率を高くしていけばいいのだ。

ちなみに、研修生が引きこもりの集団の場合は、こういったルールは設定しない。そもそも彼らはお酒を飲んでくるようなことはしないし、もしルールを設定してしまうと、萎縮して行動できなくなることが多いからだ。彼らには「ダメ」というネガティブな言い方は絶対しないように気をつけている。それよりも、彼らのいいところを見つけて褒めることや、「こうしたほうがいいんじゃない?」とアドバイスする表現を使う。

ホームレスと引きこもりの違いを一番わかりやすい例で言うと、「農園ではハチャメチャやっていいですよ」というルールを作ったとする。すると、ホームレスの人たちは遠慮なくハメを外して楽しむ。引きこもりの人たちはハメを外すことは、まずしない。人に「やっていいよ」と言われても、自分でストップをかけてしまうのだ。

こんなふうに、農園にくるメンバーでもグループごとにベストなルールは違うので、その場その場で新たなルールを作っていくことにしている。時には「ルールなし」というルールもありだ。

自分自身と向き合うための現場作業

では、話を「農園のみんなにとってのゴール」に移そう。

ゴール①「各人が土と向き合うことで、自分自身とも向き合うことを目指す」については、やることはひとつ。畑で作業をすることだ。作業をする中で、自分自身と向き合う時間ができる。

ただ、やみくもに作業をしていても集中できないので、自問自答ができる単純作業を取り入れる。たとえば、その日のメインに雑草むしりを持ってくるとか、畑の畝作りを持ってくるなどだ。

自分自身と向き合っていると、いろんなことを考える。過去のこと現在のこと未来のこと。自分がどういう人間か。自分の本当の気持ちは何なのか。そんなことを考えていると、今まで自分が自分を大切にしてこなかったり、本当の気持ちから目を背けていたりしたことに気づく。あるいは、自分のことを「ダメな人間だ」と思い込んでいた人が、「ここまでよくやってきたな」と思えるようになったりもする。

黙々と土や野菜と向き合うことは、禅寺で座禅を組むのと似ている気がする。

また、農作業は自分で自分を見つめ直すだけでなく、自分を客観的に見る目も養ってくれる。

誰に聞いた話だったか忘れてしまったが、客観視の話で、「テレビの中にいる主人公は自分自身を客観視できないが、テレビから抜け出して視聴者になれば、自分を客観視できる」というのを聞いた。苦しみの渦中にいる人は、自分が今感じている苦しみにとらわれてしまって、そこから逃れる方法を探す余裕がない。でも、他人を観る目で自分を眺めることができたら、苦しみの原因やそこから抜け出す方法に気づきやすいというものだ。

メンバーと共に作業をすることで、グループの中の自分を感じることができる。みんなの目に映る「自分」とは、どんな人間だろうか？　そんなふうに意識することで、今まで見えてこなかった新しい「自分」に出会うことができる。

自分の長所に気づける「ワークノート」

次に、ゴール②「農作業を通じて、自分のいいところを見つける」についてだ。実習を終えた後、その日の作業を振り返っての感想を一人一人に書いてもらう。これを「ワークノート」と呼んでいる。

講習内容の進み具合や到達度によって何段階かに分かれているのだが、基礎編（導入編）で言うと、次の項目がある。

●農作業を通じてや仲間のアドバイスから見つけた自分自身のいいところを書いてください

●自分のいいところをどうやって育てていきたいですか？　またどんな仕事でどんなふうに活かせていければいいですか？

●一番印象に残ったアドバイスは何ですか？

●「畑の10カ条（みんなで決めた農園でのルール）」を守ることを通じて、あなたはどのように成長できましたか？

1時間以上かけて枠内にビッシリ書く人もいれば、10分かからずにパパッと済ませてしまう人もいる。無口な人が文章では饒舌（じょうぜつ）だったり、逆に普段おしゃべり好きな人が文章になると素っ気なかったりして、意外な一面を発見することもある。文字にもその人の性格や人柄が表れる。

興味深いのは、多くの人が、研修に通ううちに書く内容や量が少しずつ変化していくことだ。最初はひと言ふた言しか書かなかったのに、回を追うごとに長い文章を書くようになる。それにつれて、内容もより深くなる。これは自分自身が見えてきた証拠だ。「ワークノート」では、自分だけでなく同じグループの人について書く項目や、自分の目標を書く項目もある。

●畑メンバーとは仲よく作業できましたか？　自分が見つけた相手の長所を挙げてください

●今日の作業内容

●今日の発見・学んだこと、楽しかったこと、よかったこと

●（目標）今後、身に付けていきたいこと、達成したいこと　※野菜作り以外のことでもOK！

●今日、自分を褒めるとしたら何をどう褒めますか？　逆に注意するとしたらどこを注意しますか？

●相談事、連絡事項・要望等

講習ではペアでする作業（ペアワーク）やグループでする作業（グループワーク）をすることもあるので、そういう場合にこれらの項目に書き込んでもらう。自分の長所を見つけることも大事だが、人のいいところを見つけるのも大事だ。人の長所を知ると、自分の長所が見えてきたり、課題が見えてきたりするからだ。また、自分は1人で生きているわけではなく、人との関わりの中で生きていることにも気づくことができる。相手がいるから自分もここにいられるのだと感じてもらえたら嬉しい。

提出してもらった「ワークノート」は私だけが読む。本人に返却するときには、たま

に私からメッセージを書き添えることもある。「ワークノート」は研修生が自分自身を振り返る材料として有効だが、私と研修生との信頼関係を築くツールとしても役立っている。

こんな例もある。最初は「今日は畑で畝作りをした。」というように、畑であったこと・農作業の内容だけを書いていた人が、やがて「今日の農作業は暑くて大変だった。でも、最後までやり通せてよかった」と自分の気持ちを書くようになり、さらに「鍬の使い方がうまいと褒められた。鍬を使ったのは初めてだけど、思ったより上手に使えたと思う」と自分のいいところを見つけられるようになっていく。プログラムが終盤に近づく頃には、「今日は○○さんとこんな会話をした」といった他者への言及も出てくる。

私が「最近、Eさん変わったな。自分から率先して動くし、イキイキと作業している」と思っても、Eさん本人は自分の変化に気づいていないケースもある。そんなときは、「ワークノート」を本人に返却するときに、「私にはこんなに変わったように見えます。この調子で頑張ってください」というメッセージを書き込むこともある。「そんなことないですよ」と否定する人もいるが、「そうかな？　そうかも」と気づいて自信につながることも多い。

「ワークノート」を活用しようと思ったのは、大学の「認知行動療法」に触れる授業で日記をつけるというものがあり、私自身が使ってみて効果があると感じたからだ。

私は長所もあるが欠点も多い人間だ。たとえば、興味があることに関しては「根気強い」「思い立ったら即行動できる」という性格は長所だと思うが、「面倒くさがり」「自由を好む」「内向的」「思いつきで行動する」「興味のないことは、日常生活に関係してもどうでもいい」という性格は欠点だと思っている。

小さい頃は、「靴下を履くのが面倒くさい」と言って裸足で生活していた。今でも本を読み出すと集中してしまい、友人に話しかけられても気づかずに無視してしまうことがある。

小学生の頃から周囲には「変わった子」と言われることが多くて、自分でも偏りのある性格だとは思っていた。でも、中学生くらいになると、「変わった子」と言われるのにも慣れっこになってしまい、それを直そうともしないまま大人になってしまった。

でも、この仕事をするようになり、「このままの私では社会人として失格だ」と気づき、自分の性格を変える努力をしなければと思った。目標は「面倒くさがらない」「後先を考えて行動する」「外交的で気を配れる人になる」だ。

自分自身をマネジメントするのに「ワークノート」がとても役立った。「ワークノート」に記録することで、自分を少しは客観的に見つめられるようになった。すると、自分では長所と思っていたことが、場面を変えれば短所になり得ることや、その逆のことも気づいた。そうした気づきから、自分のいいところは伸ばし、悪いところはどうやって直していけばいいのかを考えた。

また、人との関わりの中では、自分の性格を相手にわかってもらうように心がけた。たとえば、一緒に仕事をする相手に、「私はこういう性格の持ち主で、直す努力はしているが、まだその途中なので、迷惑をかけるかもしれません」と事前に断る。

相手に自分を知ってもらうことで、自分も気が楽になり、相手も私を理解して受け止めようとしてくれるので、仕事がとてもやりやすくなった。

これは研修にも使えると思い、就農用にアレンジして取り入れたところ、やはり効果は高かった。ただ、自分自身と向き合うことは、誰にとってもつらい作業である。

「自分の人生、自分で切り拓（ひら）くしかない」「努力を続ければ、何とかなる」と思える人はワークノートにも向き合える。でも、「俺なんて、頑張ってもどうせダメだ」と落ち込んだり、「現状維持でも何とかなるからいいや」と先延ばししたり、「努力を続けるより、いつか運が転がってくるのを待っていよう」と他人任せ・運任せだったりする人は自分に向き合えず、農園を離れていく。

それはそれで仕方がないと割り切ることにしている。100人いて100人ともが一緒にゴールまで走れるわけではない。私は伴走者として一生懸命、隣を走るが、最後まで走り切るかどうかを決めるのは本人たちだ。

人が変わっていくとき、それは自分自身の内なる力で変わっていくものだ。誰かに外側から変えてもらうことはできない。変わろうとする内なる力が芽生えるきっかけを少しでも提供できればいいと私は思う。

グループワークを通して自分や他人の役割を知る

最後に、ゴール③「つらいときに支え合えるような仲間作りを心がける」について。

これは、ペアやグループでの作業を通じて、人間同士のつながりや自分の社会での役割などを学んでいく。

最も基本を言えば、実習を始める前にみんなで挨拶をすること。「こんにちは」とか「よろしくお願いします」「ありがとう」といった挨拶は、マナーであるとともに人間関係をスムーズにする潤滑油だ。人とのコミュニケーションや距離の取り方が苦手なメンバーにとっては、挨拶から慣れていくという意味でも大事な第一ステップだ。

実作業の中では、自分や他人について考えるきっかけを随所に作る。

たとえば、夏場の畑作業は必ずと言っていいほど雑草の管理が入ってくるのだが、そこで「雑草の土壌における役割」を説明しながら、「社会における自分の役割」に話を広げていく。

「雑草は無造作に生えているように見えるけど、実はそうではないんですよ。こっちの雑草と、そっちの雑草の種類が違うのが分かりますか? 雑草はその土地の必要性に応じたものが生えてきます。だから、見る人が雑草を見れば〝この畑はどういう状態の土だ〟とか〝ここの周囲の環境はこうだ〟とわかるんです」

「肥料を好む雑草は、土の中に残る余分な肥料の成分を吸い取ってくれます。乾燥に強い雑草は、自らに水分を蓄(たくわ)えて畑にも水分を分けてくれます。雑草が邪魔なものだというのは、私たち人間の都合にすぎないということ。今は野菜のために抜かせてもらうけど、雑草はとても大切な存在なんです」

「人間も雑草と同じ。すべての人は意味があって存在していると、私は思います。○○さんがいたおかげで、今日は畝(うね)作りがとても早く終わったし、△△さんのおしゃべりで、みんなが笑顔になれました。そうやって一人一人がここにいるから、野菜たちは元気に育つことができるんです」

あるいは、単調な繰り返し作業の中で、未来を見据えて計画性を身に付けるようなトレーニングをする場合もある。

「毎回来る度に単調作業で、ちっとも前に進んでいないように思う人もいるかもしれませんが、それは違います。毎日せっせと耕して、たっぷり空気を含ませた畑でできる作物は、まったく何もしなかった畑とは、できる野菜の質も量も違うんですよ」

「毎日毎日の積み重ねこそが、あなたの未来を作ります。毎日〝自分の未来を作るんだ〟という意識で取り組んだ人と、〝毎日同じことをして、ただ時間を過ごしている〟という意識で取り組んだ人は、1年後2年後の未来に、技術の習熟度に大きな差が出てきます」

私の言葉やワークがすべての研修生に届くわけではないが、そのとき、その人が求めているものに、言葉やワークがピッタリと合ったとき、大きな化学反応が起きる。今まで投げやりで消極的にしか農作業に参加してこなかった人が、俄然やる気になって、自分から「これはどうすればいいですか?」「他にやることはないですか?」と言ってくるなど。それで、「じゃあ、あちらの作業を手伝ってあげてください」と言うと、他のメンバーのところに行って、「僕も手伝います。何を手伝えばいいですか?」と話しかけ、一緒に作業を進めたりするようになる。

この他にもアプローチの仕方はさまざまある。目の前にいるメンバーの顔触(かおぶ)れを見ながら、今ここで必要なことを伝えたり、考えてもらったりするようにしている。

すべての人はこの世に存在する価値があり、ひとつ以上の役割を持って生まれてくる。その点に気づいてもらえば、自分の存在も他者の存在も大切にする気持ちが芽生えるだろう。

支え合える仲間は近くにいるし、これからも現われる。それが生きる希望にもなり、生きていく意味にもなると思うのだ。

難しいことを考えるより、まず畑に出て作業する

研修生みんなで前進するためにみっつのゴールを設定し、それを達成するためのノウハウについてお話ししてきた。私が取り組んでいることの意味と理由を理解していただくために、多少理屈っぽい説明もしたかもしれない。それで「何だか難しそう」「大変そう」という印象を受けた人もいるかもしれない。

でも、実際の現場では、私自身こんなに論理的に考えて行動しているわけではない。私は〝とことん現場主義〟なので、まず動いてみてから反省する。その場でやってみて「これはいける」と感じたものを残し、「これは違うな」と思ったものはどこが悪かったのかを考える。そして、改善したものをまた現場でやってみて、いけるかどうかを試す。そんなことを日々くり返している。

今はそれなりにプログラムの形になっているが、こうして自分の言葉で説明できるようになるまでには数年かかっている。感覚や直感で動いているところが大きいので、それを言葉にしたり、体系的にまとめたりするのがまた一苦労なのだ。私がいかに遅々とした歩みを続けてきたかがわかってもらえるだろう。

私が1人で勝手に失敗したり凹んだりしてドタバタやっていても、研修生たちは確実に変わっていく。それは「農」の力のおかげだ。私が難しいことを考えたり、複雑なカリキュラムを組んだりしなくても、みんなで畑に出て作業をしていれば、不思議とみんなは元気になったり、優しくなったり、口数が増えたりしていく。

「ただ畑に出て作業をする」という極めてシンプルな中に、私たちが生きるのに必要なすべて（意欲や希望や心の充足）の要素がつまっていると思うと、感動的だ。私はその感動を一番間近で見たくて、この取り組みを続けているのかもしれない。

私の取り組みは、生活保護受給者を受け入れたことで一時的に迷いはしたが、私自身の意識を変えることと、「農」の力を最大限に借りることで、再び前進し始めた。そして、数カ月が過ぎる頃には、一定の成果を見せるようになっていた。

間もなく農園からの就農第1号となる、元ホームレスの「ケンちゃん」(仮名)が誕生する瞬間が近づいていた。「藤沢でおもしろい取り組みをやっている農園がある」との噂を聞きつけたテレビ局や出版社から取材の申し込みを受けるようになったのは、ちょうどこの頃だ。ケンちゃんも「農」の力で生まれ変わった1人としてテレビで取り上げられたことがあるので、もしかしたら観たことがある人もいるかもしれない。

待ちに待った農園初のファーマー誕生に私もスタッフも研修生も支援団体も、農園に関わるみんなが盛り上がっていた。これがうまくいけば私たちの活動に弾みがつく！　会社の未来も明るい！　農業界の未来も拓けるだろう！　ホームレス問題にも一石を投じられる！　いろんな期待が高まった。

ただ、ケンちゃんの就農によって、また新たな壁が私たちの前に立ち塞がることになる……。

第5章

就農第1号が誕生！
そして見えてきた
次の課題

元ホームレス初のファーマーが熊本へ旅立つ日

元ホームレスだった「ケンちゃん」が熊本の農家にファーマーとして旅立ったのは、2011年2月16日のことだった。彼が生活保護を受け始めてから12カ月での脱出だ。

ケンちゃんが初めて畑に来た頃は、他のメンバーの陰に隠れるようにしてついてきていた。顔に表情がなく、顔色も悪く、ただボーッと草むしりをして帰っていく……そんな状態だった。週に3回ほど畑に来て顔を合わせてはいたが、私が話しかけても「はい」「そうですね」といった最低限の返事しかしなかった。

そんなケンちゃんと話すようになったのは、ある事件がきっかけだった。

ある日、私が数カ月かけて一生懸命育てた苗(なえ)を、ケンちゃんが雑草と間違えて全部抜いてしまったのだ！

「あー！　私の苗がー!!」

と、ショックで怒りにかられてしまったが、私はグッと堪えた。分かりにくい状態で苗場を作っていた私にも非があるので、私は抜かれてしまった苗を集める作業をした。

そして、ケンちゃんに「雑草事典」を貸した。雑草がわかれば、苗を間違えて抜くことはないと思ったからだ。

次の機会にケンちゃんと話したとき、ケンちゃんの口から雑草についての話題が溢れ出た。まるで〝雑草博士〟のように、「この雑草はこういう特徴があって」とか「この草とこの草は似ているけど違う」などと私に話して聞かせてくれるのだ。きっと一日中、勉強して事典の内容を覚えたに違いない。明るい表情で次々に話すケンちゃんを見ていると、私まで嬉しくなった。

それからしばらくして、小中学生の団体が畑に体験へやってきた。そこで、私はケンちゃんに「この雑草の名前、何でしたっけ?」と聞き、20名の子どもたち相手に雑草のレクチャーを担当してもらった。子どもたちから「物知りなおじさん」と一目置かれたことで、ケンちゃんの中に眠っていた自信が芽生えたのだろう。この日から、ケンちゃんは目に見えてグングン変わっていった。

うちの畑にくる前、ケンちゃんは美容師だった。賞を取ったり、いくつもの美容室を経営したりしていたのだが、利き腕である左手を骨折してハサミが持てなくなった。絶望した彼は自殺を試みたそうだ。

雑木林の中で自殺を図ったケンちゃんを行政の職員が保護し、『NPO法人ふれんんでい』に連絡して、ケンちゃんは生活保護を受けることになった。
『ふれんでぃ』の皆川（みながわ）さんに聞いたところ、寮にきた頃のケンちゃんは生ける屍（しかばね）のようだったという。自室にこもったままで何をするでもなく、食堂で食事をしている彼に声をかけても、返事どころか反応すらほとんど返ってこなかったそうだ。

そんなケンちゃんがなぜ畑にくるようになったかと言うと、「お風呂に毎日入りたかった」から。

寮では基本的に月水金の週3回が入浴日になっている。だが、元美容師で身なりに敏感なケンちゃんは毎日入りたかったのだ。皆川さんに要望を伝えたところ、

「働いて汗をかいたり汚れたりしたら、シャワーを浴びてもいいよ」

と言われたケンちゃんは、「それなら農園に行って作業する」と答えたのだそうだ。

畑でイキイキと働きだしたケンちゃんを、私も体験にくる子どもたちも必要とした。無口で無表情だったケンちゃんはもうそこにはおらず、いつの間にか明るくて社交的で粋（いき）なケンちゃんに変貌していた。

ケンちゃんを必要としていたのは私や子どもたちだけではない。就職先の農家さんにとっても必要な存在だった。そして、ケンちゃんは「日本の希望」でもあった。

生活保護から自立する人は15％以下と言われる中、ケンちゃんは「50代で生活保護か

ら自立し、日本の農業界を支える一員として前線で働いている」のだ。

ケンちゃんが頑張れた理由を後から聞いた。

「小島さんが、〝ケンちゃんは50代でまだまだ若い。農業界は70代、80代がバリバリ働いているよ〟と言ったとき、〝それなら、まだ俺も大丈夫だ！〟と感じた。あの言葉が背中を押してくれた」

最後のお別れの日、ケンちゃんは私の取り組みを「今の日本を変える取り組み」だと言ってくれた。そして、これまで見た一番晴れやかな顔で、農園から卒業していった。

ケンちゃんの挫折から見えてきた問題点

〝私たちの希望〟として熊本のある農家に就職したケンちゃんだったが、順風満帆とはいかなかった。

ケンちゃんは自信を付けて、一生農業をやる覚悟で熊本へ行った。それは間違いない。一方で、受け入れた農家もケンちゃんに本物のファーマーになってほしかった。ケンちゃんへの期待は大きかった。しかし、農家というのは本来、世襲制の家業である。家業であるがゆえに、優しい言葉も厳しい言葉も他人に話すよりストレートだ。農家とケンちゃん、互いの気持ちがすれ違ったまま、交わり合うことができなかった。そして、さらにケンちゃん自身が抱える複雑な家庭状況が重なって、彼は農業を続けることを諦めてしまった。

わが農園を代表する〝成功例〟になるはずだったケンちゃん。だが、この一件で、農園として次に取り組むべき課題が明らかになった。

課題とは、受け入れる農家の側との相性だ。農園を卒業した元ホームレスたちは、農家さんにとって家族ではない。家族や親類が中心となって働いている農家さんにとって、赤の他人（しかも農業初心者）をどう扱っていいのかわからなかったのだろう。

また、仕事内容とのマッチングもある。

仕事内容で言えば、単純作業の多い現場なのか、創造的なセンスを求められる現場なのか。1人でやる仕事が多いのか、それとも、グループでの仕事が多いのか。法人の大きな農家なのか、個人でやっている小さな農家なのか……仕事内容も千差万別だ。

卒業生を送り出すときには、本人の性格や適性と就職先の特性をよく調査し、精査しなければならないと痛感している。

生活困窮者への就農支援プログラム、新規参加から卒業まで

ここで、農園で行っている生活困窮者への就農研修について説明をしておきたい。

まず、研修の目的は、現代のみっつの社会問題「求職者の雇用と自立」「農家の人手不足・後継者不足」「現代人のメンタルヘルス」に焦点を当て、それらを同時に解決するモデルとして、プログラムを実践することだ。

プログラムは、週1回2時間の農作業を農園で行う。その日の研修を振り返りワークノートを記入・提出する。農作業とワークノートを両輪として、自信を取り戻しながら、前進する習慣を身に付ける。

プログラムは「導入編」「基礎編」「就職準備編」の3段階で構成されている。

「導入編」は、2時間を全10回で約2カ月間。自分自身を知ることから始め、他者とのコミュニケーション力を高めたり、自己肯定感を育てたりするのが主な目標になる。

「基礎編」は、2時間を全10回で約2カ月。就職を視野に入れて目標を立てたり、働くことの意義を問うたり、メンタル面の安定と充実を図ったりする。この期間中に、私と

研修生で面談をして就職の意思を確認する。

「就職準備編」は、2カ月程度。就職希望先を決め、模擬面接や筆記試験を行う。インターンを行うこともある。就職における課題があれば、それを解決する。就職先とのマッチングが叶えば、晴れて就職となる。

このように、プログラムは半年から1年を目途に行われる。ただし、本人の意欲や習熟度、就職先の要望などによって、期間が長くなったり短くなったりする。2カ月くらいで就職が決まって卒業していく例もあれば、1年では足りない人もいる。また、途中で意欲が切れてフェードアウトしていく人もいる。健康上などの理由、家庭の事情などから続けられなくなるケースもある。

新規参加は、ホームレス支援団体、生活保護支援団体、引きこもりやニート支援団体などを通じてが多いが、個人での参加も受けつけている。

卒業生たちの進路。農との出会いで可能性が広がるか

農園からの卒業生たちが、どんな進路に進んでいくかというと、農家になる人もいれ

求職者と農業の架け橋

就農支援プログラム

現代人のメンタルヘルスケア

農家の人手不足と後継者不足の解決

野菜作り挑戦プログラム〈概要〉

農作業（週1回2時間）

＋

ワークノート

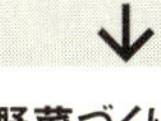

野菜づくり挑戦プログラム

（週に1度の農作業と、宿題形式のワークノートを通して、「自信」を取り戻しながら、前進する習慣を身に付ける）

野菜作り挑戦プログラム〈年間スケジュール〉

導入編
2時間×全10回
◦自分自身を知る
◦コミュニケーション力向上
◦自己肯定感の確立

↓

基礎編
2時間×全10回
◦目標を見つける
◦働くことの意義を問う
◦モチベーション、メンタルヘルスを自己管理する

口頭試問（就職の意思を確認）

↓

就職準備編
2カ月程度
◦就職希望先の模擬面接で出た課題を解決
◦就職準備→就職

就職希望先との模擬面接、筆記試験

ば、まったく別の仕事に就く人もいる。残念ながら、仕事に結びつかない人も一部いる。

この点について、私は必ずしも研修にきたからといって「農家になってほしい」とは思わない。働く意欲の低い人でも、またどんな状態の人であれ、畑にくる人はすべて受け入れると決めたあの日から、農家になるか・ならないかは、あまり気にしていない。農業体験を通して、その人がいい方向に変われればそれでいいと思うからだ。こんなことを言うと「きれいごと」と言われるかもしれないが、本気でそう思っている。

就農支援プログラムではなくて、『コトモファーム』の体験農園にきていた一般のお客様の話なのだが、あるお客様が農家を目指して、それまでの仕事を辞め、熊本に旅立っていったことがある。

後日、「畑と出会って移住を決心した。反対して渋々ついてきた家族だったが、熊本で農家を始めてから体調がよくなった。『コトモファーム』のおかげ。ありがとう」とお礼のメールをもらった。

また、気持ちが不安定で暴れん坊だった子が、「将来、農家になる」と決心してから真面目になったと保護者から連絡をもらったこともある。

通販のオンラインショップでも、「『えと菜園』の通販を利用していたら、熊本に移住したくなって、本当に移住してしまった」というお客様がいる。

農作業を通して自分に自信を取り戻したり、働こうという意欲を持ってもらえたり、将来の夢ができたり、健康で元気になってもらえたりすれば嬉しい。もちろん、働く先が「農」であれば最高だけれど。

ニートの星〝かずくん（仮名）〟に続け！

一番最近、うちの農園から就農に成功した、元ニートの「かずくん」のエピソードを紹介したい。

かずくんは20代前半の男性で、高校を出てからまだ一度も社会で働いたことがなかった。整体師になるために学校にも通っていたのだが、授業についていけず卒業できなかった。彼は焦っていた。自分と同年代の人はみんな大学にいったり、会社で働いたりしているのに、自分はアルバイトの経験もない。このままでは親にも心配をかけてしまう……と。

そんな中、ニート支援団体を通じて就農支援プログラムの存在を知り、平成26年4月から参加を始めた。

かずくんの性格はいたって真面目だ。研修での遅刻や欠席は一度もない。むしろ毎回1時間以上も早く休憩所にやってきて、畑に出るのを待ち構えているほどだ。ニート支援団体からは基本的に隔週の受け入れなのだが、かずくん自らの希望で毎週通っていた。また、作業もとても丁寧で、「適当に手を抜く」ことをしない。雑草むしりをお願いすると、大きな体を丸めて黙々と小さな雑草まで抜いてくれる。そして、みんなが抜いた雑草を集めて、畑の端まで運んでくれる。傍で見ていても熱意が伝わってくるし、「農作業が好きで、働くことが好きなんだな」とわかった。

初めは焦りや慣れない環境での緊張もあって表情の硬かったかずくんだが、何度か通ううちに本来の明るさを見せてくれるようになった。彼なりに人とのコミュニケーションを取るようになった。気張らずに働ける農園の雰囲気が、彼に合っていたのだろう。

楽しそうに働くかずくんの姿を見て、研修の様子を見学にきていた農家さんから、「うちの畑で働いてみないか」というスカウトがきた。かずくんが農園に通い出してからわずか2カ月後のことだった。支援団体や、かずくん本人、私、農家さんで懇談をし、彼の人柄や仕事への意欲、得手不得手などを話し合った。特にかずくんが苦手としている部分については、事前に農家さんにも説明して理解をしてもらうように努めた。

かずくんの弱点はスピードや効率を求められると、それに応えられない点だ。これはかずくんだけでなく私が関わったニートの多くに言えるのだが、彼らは「早くしろ」と急かされることが苦手だ。性格的に真面目すぎるほど真面目なので、ひとつのことを完璧にやろうとするあまり、ペースがゆっくりになってしまうのだ。さらに、かずくんの場合は、相手の言った内容をスムーズに飲み込めないことがあり、他の研修生よりもさらに一歩遅れてしまいがちだ。

たとえば、畑では話をしながら作業をすることも多いが、かずくんの場合は「話すこと」か「作業をする」か、どちらかひとつの動作をすることで一杯になってしまう。そのため作業中に次の作業をお願いした場合、手を動かしながら耳で聞いた話を理解するというのが難しいのだ。

しかし、かずくんは「できない」わけではなく「理解すればできる」のだ。こちらがきちんと説明さえすれば、確実に仕事で応えてくれる。そして、すごく気がきく優しい子なのだ。私のお腹が空腹でぐ〜っとなるのを聞いてお菓子を差し出してくれたこともある。

それらを受け入れ先の農家さんにわかってもらうために、まずは5日間のインターンをすることになった。それがクリアできれば6日目からはアルバイトだ。

かずくんは持ち前の真面目さと熱意で見事にインターンをパスし、正式に農家さんの元で働けることになった。今、彼は農家さんで作物を作っている。

先日、私がいない間にかずくんが農園の近くにある販売所に立ち寄ってくれた形跡があった。私に宛てた手紙と就職先の農家さんからもらったという野菜を置いていってくれたのだ。卒業後もかずくんは、私や農園のことを忘れずにいてくれるのだと思うと本当に嬉しい。あるテレビのインタビューを受けたかずくんは、私のことをどう思うかと聞かれて、「小島さんのことは1日たりとも忘れたことがない」と答えてくれたそうだ。

かずくんが置いていってくれた野菜は研修生のみんなでおいしくいただいた。他の研修生たちにとって、かずくんは憧れであり、目標であり、希望の星だ。「自分もかずくんみたいに」という思いを持つ人がいることを私は感じている。でも、私から「みんなも早く、かずくんみたいになろうね」とは言ったりしない。彼らが急かされるのが苦手なことを知っているから。私はただ一緒に農作業をしながら、みんなを見守るだけだ。

そして、かずくんがこれからも農家で楽しく働けることを祈っている。

農業界には「3カ月の壁」というのがある。農作業は最初の3カ月が肉体的にも精神的にも非常にきつく、それを過ぎると途端に楽に感じる。最初の3カ月を乗りきれるかどうかが、長く農業を続けていけるかを左右するのだ。私からかずくんには農園を卒業するときに、「3カ月働いても楽にならなければ、農園に戻ってきていいよ」と言ってある。無理して働いて自信を失ったり、体を壊したりするよりも、別の働き方や働き口を考えたほうがいいと思うからだ。

今のところ、かずくんは前向きに頑張っている。「仕事は大変だけど、毎日が充実している」と言っている。また、この間、会って話したときには「スタッフのみんなが僕に愛を持って接してくれることや、みんなが本当に野菜を愛しているのを感じられることがうれしい」と、持ち前のおっとりした口調で話してくれた。かずくんの明るく、そして研修に通っていたときより引き締まって見える表情に、私は「これなら大丈夫だ」という思いを強くした。

「自分も人や社会の役に立てる」「みんなと同じように働ける」ことが、今のかずくんにとって何よりの喜びであり、誇りなのだと思う。

女性が活躍する舞台としての農業

ところで、うちの農園に来る研修メンバーはほとんどが男性だが、女性農業者についても触れておきたい。

日本には農業の未来を切り拓くためにがんばっている女性農業者がたくさんいる。農家において、女性の労働力は昔からとても大きなものだ。農家世帯では、女性は家族従業者として働いている場合が多かった。しかも、農作業に加えて家事労働や育児なども担っていることから、その貢献度は非常に高いと言える。

今でも基幹的農業従事者（農業に主として従事している者）の半数近くは女性が占めている。そして、女性の基幹的従事者がいる経営体は、男性だけの経営体に比べて販売金額が大きく、事業の多角化に取り組む傾向が強い。

グラフ8は、女性が経営に参加している農家の割合を、農産物の販売金額別に見たものだ。農産物の販売金額が300万円未満では、女性が参画している割合は41％だが、1000万円以上になると90％以上になる。

グラフ8 女性の基幹的農業従事者※の有無別、農作物販売金額規模別農家数(全国)

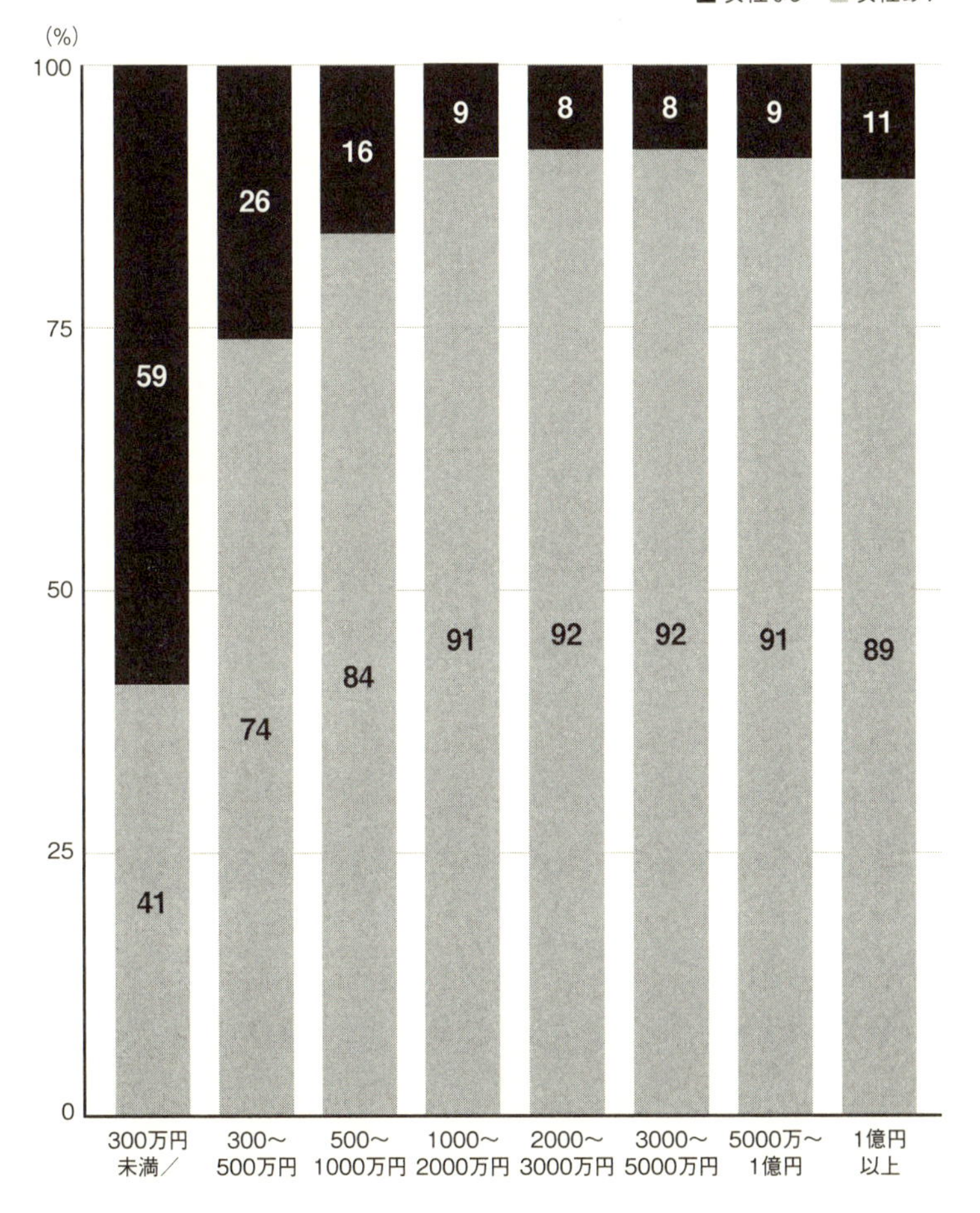

※基幹的農業従事者とは、農業就業人口のうち、普段の主な状態が「主に仕事(農業)」である者で、主に家事や育児を行う主婦や学生などを含まない

資料:農林水産省「2010年世界農林業センサス」(組替集計)により作成

つまり、農業界には女性の働き手がたくさんいて、いろんなアイデアを形にしたり、新しいことにチャレンジしたりして、売上を伸ばしているということだ。

こうした女性の労働力や能力をもっと引き出し、より多くの女性にイキイキと働いてもらうことができれば、日本の農業界は活性化するにちがいない。そこで、農林水産省では「農業女子プロジェクト」を立ち上げ、女性に向けたさまざまな取り組みをスタートさせている。

全国の農業女子が、女性ならではの着眼点や発想力で、加工品作りなどの6次産業に参画し、ヒット商品を生み出したりしている。6次産業とは、農作物の生産だけにとどまらず、それを原材料とした加工食品の製造・販売をしたり、観光農園のような地域資源を活かしたサービスを提供したりすることを言う。

プロジェクトでは、そうした農業女子たちから生まれる知恵やアイデアなどを、さまざまな企業が持つ技術やノウハウと結びつけ、新たな商品やサービス、情報などを発信している。

まだ始まったばかりの取り組みだが、おもしろいことをいろいろとやっているようだ。たとえば、自動車メーカーと組んで、女性らしいピンク色の軽トラックを造ったり、化粧品メーカーと組んで、農作業でも日焼けや汗などで崩れたりしにくいメイクを研究したり……。

こうした取り組みが行われることで、農業の現場が女性にとって、もっと楽しいものになるのではないか。

また、農林水産省では農業にチャレンジする女性への支援も行っている。たとえば、「経営体育成支援事業」では、女性農業者が農業機械などを導入して、経営改善を図ろうとする場合にも、その経費を支援してくれる。「6次産業化支援対策」では、女性農業者が6次産業化ネットワークを構築して、新商品の開発や販路開拓などを行う場合にも、さまざまなサポートがある。「強い農業づくり交付金」では、女性が主体となって農産物加工品に取り組む場合、女性に必要な設備や整備についても、交付金の要件を緩和してくれる。

農業女子に向けてのイベントやセミナーなども開かれている。もし農業に興味を持つ女性がいたら、そういうイベントやセミナーに足を運んで、情報収集をしてみるといいのではないだろうか。私も農業に携わる女性の1人として、仲間がもっと増えるといいなと思う。

作り手としてのこだわりに軸を置いてビジネスを考える

これからの日本の農業は、「ただ野菜やお米だけを作っていればいい」という考え方では通用しない時代に突入するかもしれない。

今までにない、新しい〝農業のかたち〟を探っていかなくてはいけなくなるだろう。市場における自分の立ち位置や役割を意識しながら、生き残りを考えていかなければいけない時代がやってくると考えている。

海外産に価格で対抗するため、農作物の生産を規模拡大して効率化を図る方法は、新しい技術が生まれたり、六次産業化によって新たな商品や仕事が生まれたりと、社会に貢献できる部分はたくさんあると思う。

しかし、私自身は、無理に規模拡大を目指すのではなく、「作り手として、食べ支えてくださる消費者の食卓の安全を守るために、一生懸命土に向かう」という選択をしたいと思っている。

私も、熊本県の農家さんたちも、栽培において大切にしていることは、規模拡大して、生産量や効率を上げていくことではなく、安全性を生涯をかけて追求していくことや、自分の住む町の山や海、川を守ることを意識しながら農業をしていくこと。また、大きなマーケットの要請にこたえるというよりは、一人一人のお客様の声や、野菜たちの声にこたえるために努力することだ。

そんな農家さんたちだからこそ、大量生産を目指さず手間暇かかったとしても農薬に頼らない栽培をしている。また、オンラインショップ「えと菜園」のお客様もきっとそういうところに賛同して自然に増えてきてくだっているのではないかと思っている。

その先にある未来は、『食べ手（お客様）』と『作り手（農家）』の関係性が、単なる「商品」をお金で交換する関係性ではなく、「日本の農業・安心な食卓」を一緒に支えるパートナー的な『人と人』の関係へ発展していく可能性が十分にある。

商取引における価格のせめぎ合いは、「低廉な価格」や「いつでもどこでも好きな量だけ」買い物ができるという大きなメリットを消費者にもたらすが、「価格以外の軸」、たとえば安全性や、「食べるのも作るのも人である」ということを忘れてしまいがちなデメリットもある。

どちらに進むのかは、一人一人の、いや、人類全体の選択に迫られている。

また、生産者と消費者がパートナー的な関係性を築くには「生産地と消費地」や「作り手と食べ手」の距離を近づけることが解決へのカギだと思っている。

だから規模云々を語る前に「顧客の声が聞こえる距離」を保つことを大切にしている。農家さんとお客様を直接つなぐ通販や、消費者の方に生産の現場を体験していただく体験農園などを展開している理由もそのひとつだ。

そして、農業とビジネスを考える時、心に浮かぶことがある。それは「3つのものさし」というものだ。

仕事には、「自分が自分でいられる仕事」「人にありがとうと感謝される仕事」「経済的に成り立つ仕事」、この「3つのものさし」があり、これをすべて満たす仕事であることが、「仕事が人生の一部になる生き方が出来る」と大学時代の友人に教わった。

その時、「こだわりを貫く」ことと「ビジネスと割り切る」ことが相反するように思えるかもしれないが、必ずしもそうではない。

「こだわり」と「ビジネス」との行き違いは、「顧客との関係性のあり方」で両立させることができ、この「3つのものさし」を捨てずして取り組むことができる。

例として私が日々、体験農園や通販をやっていてある選択に迫られた時の話をしたい。

会社の福利厚生の一環で収穫体験イベントの依頼があった時の話だ。野菜を収穫して、参加者のみなさんで持ち帰ってもらうというイベントだったが、その収穫祭がもうすぐなのに、野菜の生育が追いついていなかった。

私の作り手としてのこだわりは「農薬も肥料も一切使わないこと」だ。土と水と空気と太陽だけで野菜を育てることにこだわりを持っている。このこだわりを優先すると、収穫祭ではまだ大きくなりきっていない野菜をお客様に採っていただくことになる。見栄えも悪いし、サイズも小さい。それでお客様は喜んでくれるだろうか？

有機肥料をまけば野菜は栄養をいっぱい吸収して、早く大きくなる。今からなら収穫祭に間に合う。

しかしその畑は4年かけて土から農薬や肥料を抜いてきた畑だった。有機肥料とはいえ、1回使ってしまえば、また抜くのに何年もかかる。畑の一角にまいただけでも他に影響するので、作り手としての私は絶対に使いたくない。けれども、それは私個人の執着であって、お客様にとっては押しつけられても迷惑な話かもしれない。さて、どっちを優先すべきか……。

同じような悩みは、通販でもある。

お客様からみかんの注文が入り、みかん農家さんから送ってもらうことになっていたのだが、出荷の日、農家さんが味見をしてみたところ、あまりおいしくなかった。みかん農家さんは「この味では出せない」と言う。

一方で、お客様はみかんが届くのを楽しみに待っている。経営者として私は判断に迫られる。

「その味でよいからお客様に送ってください」とみかん農家さんに頭を下げるのか、「ごめんなさい。自信を持ってお送りできるみかんが出来ませんでした。返金しますので、よかったら次にまた買ってください」とお客様に頭を下げるのか。

このときは、お客様に頭を下げた。みかん農家さんは味に絶対のプライドを持つ一方で、商売と自分の哲学とのバランスを冷静に判断できる人だ。その彼が「今回は出せない」と言ったのなら、それは本当に出すべきではないのだろう。私は農家さんの判断を尊重することにして、お客様に事情を説明した。

すると、お客様はむしろ喜んでくださった。

「それくらい味にこだわって作っていることに感動した。おいしくないものは送らないという誠実な姿勢も嬉しい」

農家さんのこだわりを理解して、共感できるお客様も素晴らしいなと思ったことを覚えている。

そして、収穫体験で私の下した判断は「肥料は使わない」だった。当日参加者の方に、

野菜の出来が悪いことを謝りつつ、事情を話すと、

「無農薬の野菜は売っているけれど『無肥料』はほとんどないから食べてみたかったんです」

と言っていただけて、少しだけホッとした。

こんなふうに、農の現場は日々選択に迫られる。その場その場で判断するしかない。自ら起業することの醍醐味は、「自分で判断を下せる」ところにあるのかもしれない。

「ホームレス農園」の飛躍のために解決すべきふたつの課題

さて、話を就農支援プログラムに戻そう。元ホームレスのファーマー第1号「ケンちゃん」の誕生と挫折によって、農園での取り組みに新たな課題が見つかったことは先に述べた。

課題とは、受け入れ側の農家との相性の問題と、就農者の特性と仕事内容のマッチングの精度を高めることだ。

そしてもうひとつの課題が、就農支援プログラムをもっと大きな取り組みにしていく

ために、どうしていくかだ。

前者については、受け入れをしてくれそうな農家さんに事前にきちんと説明し、働き手を迎える態勢を整えてもらわなくてはならないだろう。そのための講習会などを実施する必要がある。

後者については、解決しなければならない問題が山積みだ。資金面だけでなく、同じような志を持ち、活動に協力してくれる仲間を見つけたり、活動場所の確保などもしなくてはならない。起業してから今までもいろんなことがあったが、これからももっといろんなことがありそうな予感がしている。

次章からは、今私が取り組んでいる新たな試みと目標についての話だ。

第6章

「ホームレス農園」は今、さらなるステージへ

就農支援プログラムから『NPO法人農スクール』へ

農園の現在と未来を語る前に、これまでの変遷を今一度、振り返っておきたい。

事の始まりは2008年に市民農園を借りて始めた家庭菜園塾『チーム畑』で、平日の畑の管理のためにホームレスをアルバイトで雇ったことだった。

2009年に熊本の農家さんたちと運営していた通販と、家庭菜園塾『チーム畑』をそのまま引き継ぐ形で『株式会社えと菜園』を設立した。また、ホームレスの就農の可能性を確信した私は、本格的にホームレスの人たちに農業をやってもらう場を求め、2011年に現在の藤沢にある農園へと場所を移し、就農支援プログラムをスタートした。

就農支援プログラムでは、ホームレス以外に生活保護受給者や引きこもりなども受け入れ、「生活困窮者への就農研修」という形でプログラムを提供するようになった。プログラムの実施によって、実際に卒業生が就農していく例が増えてきた。その一方で、新たな問題点や課題も見えてきた。

生活困窮者への研修をより一層充実させ、受け入れ先の農家にも受け入れ態勢を整え

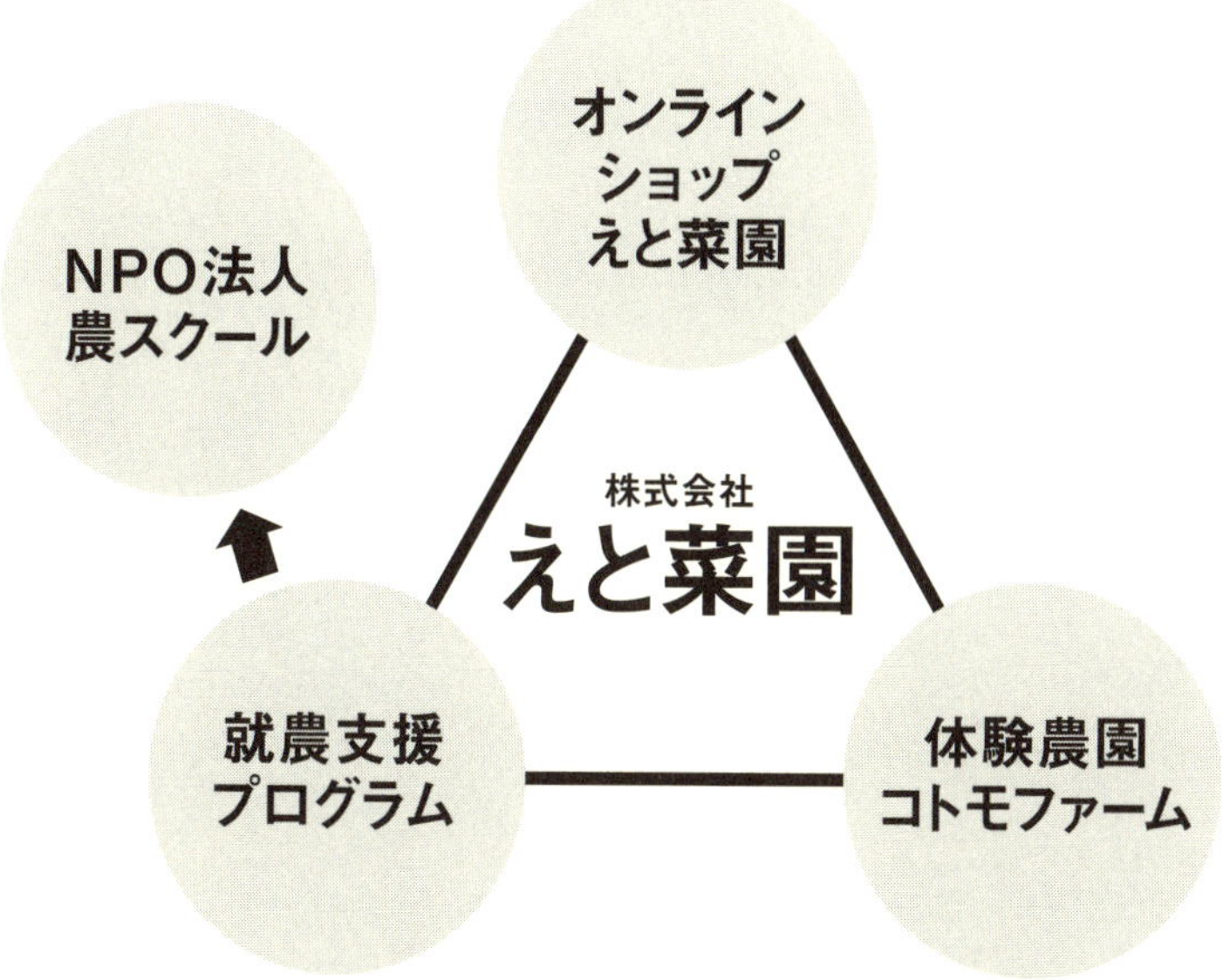

NPO法人
農スクール

オンライン
ショップ
えと菜園

株式会社
えと菜園

就農支援
プログラム

体験農園
コトモファーム

てもらうためには、今まで以上に活動に取り組まねばならない。そこで、私は2013年8月、就農支援プログラム部分を他と切り離し、『NPO法人農スクール』として独立させた。

NPO法人とは、特定非営利活動法人のことだ。非営利とは、「利益を上げない」という意味ではなく、「団体の構成員に収益を分配せず、事業活動に充てる」ことを意味している。

そもそも法人というのは、法律で「利益を追求する存在」と定義されている。株式会社もひとつの法人の形だが、会社が利益を追求するのは本来の存在目的を果たすための当然の姿だ。利益活動を通して得られた収益は、団体の構成員である社員や株主たちに分配される。

それに比べて、ＮＰＯ法人は「利益追求」が目的ではなく、「事業活動そのもの」が存在目的になる。よって、収益をあげること自体に制限はないのだが、その収益は事業活動のために使われなくてはならない。そこが一般法人とＮＰＯ法人との大きな違いだ。

生活困窮者への就農支援プログラム部分が独立してＮＰＯ化しても、畑でやっている取り組み自体は変わらない。「畑仕事を通して人として成長・再生する」、「ワークノートを活用して自分自身を振り返る」、そして「就農を含めた社会復帰を目指す」、このみっつだ。この辺りは、第5章にプログラム内容を詳しく紹介してあるので参照してほしい。


さて、取り組みの内容自体は変わらないと言ったが、ＮＰＯ化したことで、ひとつ大きく変わったことがある。それは、他のＮＰＯ団体と連携を組みやすくなったことだ。引きこもりの支援団体、ホームレス支援団体、生活保護受給者支援団体などとの連携で、研修生を安定的に集められるようになった。

研修に使える畑のスペースが広がり、私を手伝ってくれるスタッフも増えて、以前は1日6名までだった研究生の受け入れが12名にまで増やせるようになった。

まずは私の中にある〝コツ〟をマニュアル化する

『農スクール』を他の農業関係者に知ってもらい、賛同を得るには、現状のプログラムをがっちりと固める必要がある。原点となる『農スクール』がしっかりしていないと、第二、第三の『農スクール』を同じ質で作ることができないからだ。

たとえば、ある造形物Aがあって、それと同じもの（造形物B）をもうひとつ作ろうとするとき、造形物Aがどんな材質でできていて、どんな大きさで、どんな色や形をしているかをよく観察して写し取ることになる。そのとき、造形物A自体の形があやふやだったり、観察する時々で色が変わって見えたり、材質が脆くて歪みやすかったりすると、それを手本にして作った造形物Bは、元の造形物Aとは似ても似つかないものになりかねない。そうならないためには、造形物Aを揺らぎのない個体として定着させる必要がある。

今、農園でやっている『農スクール』のプログラムは、2008年スタートの『チーム畑』時代から受け継ぎ、その都度改良してきたものだ。研修生たちとの関わり方のコツや、農業技術のノウハウ、各支援団体や就職先農家との関係性、マネジメントと言ったリソースは、かなり整ってきていると思う。ただ、そのリソースは外からは見えにくいのが現状だ。

リソースを私以外のスタッフやこれから手伝ってくれる人たちにも共有してもらうには、「マニュアル」という目に見える形にしなくてはいけない。先ほどの造形物の例を用いるなら、私の中にあるコツやノウハウといったものを揺らぎのないマニュアル（造形物A）として定着させる必要がある。マニュアル化ができれば、他の人がそれに倣って第二、第三の『農スクール』（造形物B）を作ることができるだろう。

目下、私が取り組んでいるのが、このマニュアル化だ。ただ、やり始めてみて、「とんでもなく難しい！」ことがわかった。

マニュアル化するには、まず私がこれまでやってきたことを言葉にしなくてはならない。そして、「これはこうだから、こうする」と形式化し、カテゴライズし、理由づけしていく必要がある。

たとえば、人からよくされる質問に「小島さんはホームレスとどうやって接してきたの？　彼らと信頼関係を築くコツは？」というのがある。

これは、言葉で説明するのがとても難しい。なぜなら、私は〝ホームレスだから〟という意識で、特別な接し方をしたことがないのだ。私の中ではホームレスも私自身や他のみんなと同じ〝1人の人間〟にすぎない。だから、他の人と関係を結ぶのと同じスタンスで彼らと接し、関係を結んできた。

たとえば、人間関係に傷つき、消沈している友人がいたとする。「どうしたの？」と声をかけるか、「ファイト！」と励ますか、黙って見守るかは、ケースバイケースだと思う。友人の性格や落ち込み具合、私と友人の関係性などによって、同じ相手でも対応の仕方は変わってくると思うのだ。

ホームレスも同じだ。大切なのは、「ホームレスかどうか」ではなく、「その人の性格や考え方、バックグラウンドや現在の状況がどうなのか」のほうだ。「ホームレスだから、こういう接し方をすればうまくいく」という定型を求めると、きっと間違いが起きる。

これまで私は、研修生一人一人、またその場その場に応じて個別の対応をしてきた。しかも、対応を熟慮してから動くわけではなく、考える前に反射的に動いているので、「なぜ、そういう対応をしたか」の理由や根拠を説明することが難しい。だから、「コツは？」と聞かれるのが、実は一番答えに窮してしまうのだ。

とはいえ、ホームレスたちは複雑な事情や過去を持っている場合が多く、そういった面でのケアが、ホームレスでない人たち以上に必要なのはたしかだ。そういう点については、マニュアル化は難しくても絶対にやらなくてはいけない作業だ。『農スクール』の考え方や活動に賛同してくれる私以外の人がこれに倣って、独自の『農スクール』を各地に作ってもらえればうれしい。小さな点のような活動かもしれないが、その中心になる人たちのために、教育現場における学習指導要領のようなもの、あるいは、製造工場におけるマニュアルのようなものが必要だと思う。

人への接し方をマニュアル化するには、おそらく対象を何らかの共通項でタイプ分けでも、研修生たちの何に基づいてタイプ分けすればいいのか。対処法をパターン分けするのに、ポイントをどこに絞ればいいのか。私の場合、10人の研修生がいたら10のタイプと10の対処パターンがある気がしてしまう。それでいつも頭を抱える。

して、「Aタイプには X パターン」「Bタイプには Y パターン」「Cタイプには Z パターン」と対処法を当てはめていくのがいいと思う。

この点に関しては、人材育成や教育、心理学などの専門家でないと難しいと思う。

問題なのは、マニュアル化していかなければいけない範囲が、プログラムの全領域にわたる点だ。「研修生への接し方のマニュアル化だけでこんなに苦労しているのに、全領域なんて大丈夫だろうか……」と自分で自分が心配になる。だが、ここは持ち前の

「諦めの悪さ」を発揮して、なんとか形にしてみせたいと思う。

「自分のやりたいこと」と「しなくてはいけないこと」

「使命」とは何か。

私は、「自分がやりたいこと」と「しなくてはいけない」と感じることが合致した時、それがその人の「使命」と呼べるものになると考えている。

自分の中から、自分の人生から、「使命」が湧きおこってくるとき、「しなくてはいけないこと」は「やりたいこと」へと変容していく。

しかし、他人が「しなくてはいけない」と要請してくる場合は、どうだろうか。

親はこうしろといっているし……上司はこうしろといっているし……協力してくれる人はこう言っているし……など、読者のみなさんも同じような葛藤に悩まされたことがあるのではないかと思う。

もちろん、親も、上司も、顧客も、自分も、みんながみんな満たされる可能性を探るのが一番だが、万が一選択に迫られた場合、ひとつ立てればひとつは立たず、といった場合は、どうするのか？

私はそんなとき、一番大切にすべき判断基準は、「それは誰のためにやっているか」、前述した「3つのものさし」でいう「人にありがとうと感謝される仕事」の「人」とは誰なのか、ということだと思う。

親のためか？　上司のためか？　顧客のためか？

それとも、自分の将来のためか？

そんな時は「自分の役割は何か」ということを自分に問うことが大事だと思う。

私は、「目の前の一人一人と向き合うこと」が私の使命だと思っている。肉声が聞こえ、コミュニケーションが取れる範囲の、目の前の一人一人から学び、ともに成長できる人生を歩きたい。

私が一生かけて農園で向き合える人は限られている。

けれど、その向き合った人が、関わった人が、共感してくれて、また興味を持ってくれて、同じような取り組みをしてくれたら……また、その人が向き合った人が、同じような取り組みをしてくれたら……と、夢が広がる。

目の前の一人一人に向き合いながら、もっとこの活動を広げていく手段としての思いがあるから、マニュアル化することや、今回のように本で現場の状況を伝えることを選んだ。

もしかすると本を読んでくださった方が同じような取り組みにチャレンジしようと思ってくれるかもしれない。

池に落とした、たったひとつの小さな石の波紋が池全体に広がるように、こういった活動が少しずつでも広がっていくことを信じている。

就職先農家との連携が不可欠

小さな点のような『農スクール』の活動が、徐々に広がってくれて、似たような形の取り組みが各地で行われることを私は願っている。それによって、「農業をやってみたい」「農業で再チャレンジをしたい」と希望する人が、誰でも農業に参加できるようになってほしい。

その頃には、ホームレスなどの生活困窮者だけでなく、農業に興味のある学生や農業界への転職を考える社会人なども積極的に受け入れることになるだろう。研修生の幅が広がると、就職先の農家にもバリエーションが必要になってくる。研修生が望む働き方や農のスタイルと、雇う側が求める人材とのマッチングが大きな課題になると思う。

第5章で紹介した「ケンちゃん」が就職先の農家さんで続けられなかった要因のひとつは、農家さんとのマッチングがうまくいかなかった点にある。『農スクール』を卒業した再チャレンジャーたちは、新しい世界に大きな希望を抱いている反面、メンタル面や社会性・技術力がまだまだ未熟だったり回復の途中だったりするため、一般の農場でいきなり働くとトラブルが起き、再チャレンジに失敗することもある。

それを防ぐためには、就職先の農家さんにも勉強してもらい、『農スクール』との連携をお願いしたいと思っている。

『農スクール』の卒業生を『農スクール』の講師に

将来的に『農スクール』のような取り組みを広げていくには、そこで働く人材が必要だ。研修生たちの特性を理解し、共感的に指導できる人材だ。

指導の方法としては、今私が作成中のマニュアルが役に立つはずだ。

人材としては、農業経験者と人材育成の経験者とがペアになって運営にあたるという方法がある。

農業スキルについては農業経験者が中心となって教え、メンタルケアや社会性のトレーニングについては人材育成の経験者が中心となってフォローしていくのだ。そうすれば、双方の不足部分が補強できていいのではないだろうか。

人材育成の経験者という意味では、たとえば教師経験者や、店長や建築関係の現場監督など従業員をマネジメントした経験のある人などが即戦力になると思う。

さらには、『農スクール』の過去の卒業生を講師として招く。かつて失業者だった卒業生が『農スクール』で農業者となり、今度は講師や農場主として後輩たちに教える立場になる。そうなったら、まさに理想的な循環だ。

オンラインショップと体験農園と『農スクール』の自立と共存

今のところ、私がやっている3つの事業『農家直送のオンラインショップ「えと菜園」』『体験農園コトモファーム』『NPO法人農スクール』は、それぞれが別個の事業になっている。

前にも少し書いたが、オンラインショップ「えと菜園」は、理想的な生産者と消費者の美しい関係ができている。生産者と消費者の距離を近づけながら「こだわりを追求して育てた作物」を「多少高価でもたしかな品質の食品を求める人」に届ける仕組みの中では、とても〃生きたお金の使われ方〃をしていると思うのだ。

なぜなら、そのお金は、農家さんがこだわりの農業を続けていける下地を作りつつ、農家さんが守り続けている熊本の自然や、代々引き継がれている伝統的農法を支えることにも活用されていることになるからだ。

体験農園も同じだ。「安心・安全な食に関心のある人や、野菜作りの現場に興味のある人」が「対価を払って農業を体験する」という仕組みの中で、利用者のみなさまの

「ありがとう」という気持ちが、お金という形になっている。

これからの展開で一番理想的な形は一般の人向けの体験農園を拡大して、もっとたくさんの人に体験農園に参加してもらうのだ。すると、おのずと農作業をみなさんに教えたり、平日の農園の管理をしたりする人手が必要になる。それを『農スクール』の卒業生にやってもらう形だ。

『農スクール』の卒業生が講師としてきちんとしたサービスをお客様に提供できるとなれば、体験農園のお客様は増え、収益は上がるだろう。そして、卒業生の活躍の場が増えていけば、体験農園の活動もさらに広がり、良い循環が生まれるだろう。

このような流れができれば、お客様や提携農家さんへの恩返しも夢ではなくなる。まず、提携農家さんの人手不足や後継者不足を『農スクール』の卒業生で補完することで、安定的・永続的に作物を生産することができるようになる。そして『農スクール』の卒業生がいきいきと働く「体験農園」を通じて消費者の方の農業への理解を促し、消費者と生産者が「食の安全と日本の農業」の未来を支え合うパートナーへと発展していける。『農スクール』とオンラインショップと体験農園が自立しつつ共存できたら、きっと今以上に美しい三つ巴（どもえ）のビジネスモデルができる。それこそが、私が思い描く〝理想のビジネスモデル〟なのだ。

私の役目はパズルのピースとピースを組み合わせること

　私は自分の役目を作り手に軸足を置きながら〝パズルのピースとピースを合わせる役割〟だと思っている。

　オンラインショップは「食卓（消費者）」と「食の現場（生産者）」を近づける取り組みだ。体験農園は「食べること」と「作ること」をひと続きで経験してもらう取り組みだ。『農スクール』は「農」と「職」を結ぶ取り組みだ。どれもバラバラになっているもの同士をくっつけて成り立っている。

　ジグソーパズルは、ピースがバラバラの状態だと何の絵が描かれているのかわからないが、ひとつひとつピースを組み合わせていくうちに、少しずつ絵が見えてきて、やがて1枚の絵が完成する。どのピースが欠けても絵は完成しない。

　食の消費者と生産者をつなぎ、消費行動と生産行動をつなぎ、農と職をつなぎ……そうやって私が作り上げようとしている絵は、「農を舞台とした〝理想の未来〟」だ。

　みんなが安心しておいしいものが食べられる世の中、それが私が目指す理想の未来像なのだ。

『農スクール』の取り組みをしていると、私が「ホームレスなどの生活に困っている人を支援したい活動家」であるかのような見方をよくされる。生活困窮者の雇用を考え、社会復帰を後押しすることで日本をよくするのが私の大目的であると思われてしまう。だから、取り組みを知った人から「大変ですね」「立派ですね」「すごいですね」と言われることがある。

そういう言葉をいただくたびに、「あれ？　ちょっと違うな」と感じる。「私が本当にやりたいことを理解してもらえていない」と感じるのだ。

私の軸足は常に「農」にある。私の中で「生活困窮者の雇用」は「農」の問題を解決するために埋めなくてはいけない重要なピースのひとつなのだ。


農家の数が減り、農業の担い手が減っている今、それを食い止め、さらに上向きにするには、新しい働き手がどうしても必要だ。働き手がいないと、農業界は衰退し、みんなが安心しておいしいものを食べることが難しくなってしまう。その新しい働き手として、私が一番ふさわしいと考えるのがホームレスや生活保護受給者や引きこもりたちだった。職を欲し、社会の役に立ちたいと思っている彼らが農業を手伝ってくれれば、農業界も彼ら自身もハッピーになる。だから、彼らを就農につなげる取り組みを始めたのだ。

現実問題として、生活困窮者を就農につなげる取り組みは、「農」そのものの問題と同じくらい（いや、もしかしたらそれ以上に）困難な課題だ。私自身は野菜作りのプロではあるが、ホームレス問題や雇用問題のプロではない。未知の分野に踏み入り、そこを開拓するのには、時間と労力がかかる。だからこそ、自分のフィールド（＝畑）で、自分の使命・役目を果たしていくことが重要なのだと思う。

「農」は、人々の命の源である「食」を支えるだけでなく、未知の可能性を秘めている。私が最終的に描きたいのは、農が〝食〟と〝職〟になる「農の未来」だ。「農」というフィールドでみんながいきいきと働ける未来だ。

けれど困難な問題ゆえに、現実に引きずられて自分の目的や描く未来が見えなくなる時もある。

そんなときは無理矢理にでも時間を作って畑に出る。すると、冷静になって、自分の立ち位置を再確認できる。「本来の目的を見失わないようにしなければ」と自分に言い聞かせ、元の立ち位置に戻ってこられる。

私の基本は「自分で野菜を作る人」だ。

自分で食べる野菜を自分で作る。

たくさんできたら人にも売ったり、お裾分けしたり、物々交換したりする。

そんなシンプルで豊かな農的生活を追求したい。今は、農的生活を安心して送れる世の中にするために、自ら動いて世の中という畑を耕しているところだ。

「小島さんは、どうしてそんなに頑張れるの？」と聞かれることがある。私が頑張っているとしたら、それは私自身のためだからだ。

ただ純粋に自分が思い描く未来を実現するために頑張っている。自分が幸せになりたいから努力を続けられている。自分のために頑張ることが、他人や世の中のためになるのだとしたら、こんなに嬉しいことはない。

第7章

多様化の時代へ
畑は日本の近未来を
映す鏡

「本を読んで共感した！」の嬉しい反響が続々と

２０１４年に本を出してから、丸5年が経った。5年の歳月は短いようで長い。私の取り組みにも確実にいくつかの変化があった。

まず、本を出したことで多くの反響があった。「小島さんの考え方に共感しました」と言って、農園を訪ねてくれる人もいる。現在、うちで働いているスタッフがそうだ。彼は私の本を読み、体験農園のコトモファームを訪ねて来た。最初は農家を目指していたのだが、気が付けば、農場長兼農キャリアトレーナー農キャリアトレーナーとして自治体の就労支援の現場で講師を務めるなど、当園にとって欠かせない戦力になっている。

あるいは、大学の先生が本書を読まれたことで、当園の存在を知り、研究材料として使うとのことで、畑へ視察に訪れ、論文に書いていただいたこともある。

ゲスト講師として大学などに呼ばれる機会も増えた。ＪＩＣＡから国際支援関係の仕事が来たり、今年（２０１９年）の初秋には海外のワークショップに参加したりなど、国外の仕事も増えつつある。本を出さなければできなかったような貴重な経験を多くさせてもらっている。

卒業生が「認定農キャリアトレーナー」として活躍する講座

「えと菜園」でやっている体験農園のコトモファームは、以前は藤沢と横浜片倉でやっていたが、現在は藤沢の一カ所に集約している。今期は約140家族が利用していて、年間では延べ5000人以上が来園する。週末になると、近隣や都内、遠方からでも人々が集まってくる。家族連れがレジャーや食育の場として利用しに来たり、ビジネスマンが仕事を忘れて週末のリフレッシュしに来たり、定年退職された方々が「農」のある日常を楽しむ場として活用されたりもしている。

「えと菜園」のホームページではコトモファームの会員様のインタビューを掲載している。それを見てもらうと分かるが、本当にみんな様々な理由や動機で畑に来ている。

記事を掲載している中から1人だけ紹介すると、不登校のお子さんをお持ちのAさんがいる。「子どもも家にいるんだったら、一緒に畑をやれたらいいかな」と考えて、彼女は農園にやって来た。ところが、いざ始めたらお子さんは来ず、Aさんだけが畑にハマってしまった。畑仕事などしたことのない彼女は、初めての野菜作りにことごとく失敗。ただ、大根だけはちゃんとできた。

Aさんは「自分にも野菜が作れるんだ！」と自信を持ったと同時に、「畑をやりながらいろんな発見があった」と話してくれた。

「畑で一番大事なのは、土だと知り、子どもの教育とすごく似てるなと思いました。今、うちの子は土を耕して根っこを張っている時期で、それをちゃんとやれば、後はぴょんって勝手に伸びていくだろうって、畑をやりながらすごく感じたんです」

今、彼女は不登校の子を持つ仲間とつながって、一緒に畑をやっている。すると、仲間の家族やAさんの夫が畑に来るようになり、連られてお子さんたちも畑に来るようになった。今ではしょっちゅう畑でお子さんたちを見かける。

子どもが学校に行かずに家にいると、周りから「なぜ学校に行かないの？」「進学は心配じゃないの？」などと詮索されることが多く、子ども自身が落ちつけない。かといって、図書館や公園にも人目があって行きにくい。その点、畑はあまり人もおらず、仮にいても何も言ってこないので、居場所として最適だ。

Aさんは、後々は自分たちで畑を持って、「ホームスクール畑」のような〝大人も子どもも自由に来ていい場所〟を作ることができたらいいと考えている。

こんなふうに、思い思いの使い方をしてもらえるのが、コトモファームの最大の魅力だ。

また、将来農家になりたい人や自給自足生活を目指す人が勉強のために来ることも多い。コトモファームで実践している農法は、自然農法の中でもやや特殊な農法なので、それを学びたいという人が結構いるのだ。

そこで、「本気で農ある暮らしを目指したい」という利用者に向けて、少人数制の上級者コースも行っている。毎週土曜の朝10時半から夕方5時過ぎまで、座学と実地体験を行う半年間のコースだ。座学では野菜作りに必要な理論を学ぶ他、直売のノウハウ、事業計画作り、非農家出身で農家になった人の体験談の聞き取りといったカリキュラムがある。

野菜作りのハウツーを教える農園もあるが、うちの場合はハウツーの基となる知識体系を学ぶことに力を入れている。知識体系を知っているのと知らないのとでは、畑に出たときの応用力が違ってくるからだ。

仮に、自分の畑で作物に病気が起きたとする。対処法が知りたくてハウツー本を調べると、本によって全く異なる対処法が書かれていることは珍しくない。このとき、なぜ本に書かれている対処法はこの方法を選択しているのか、あるいは、なぜ病気が起きてくるのかという理論が分かっていれば、右往左往することなく自分なりの解決策を組み立てることができる。農家として独り立ちすると、教えてくれる先生はいないので、自分で考えなくてはいけない。そのとき、理論で学んだことが大いに役に立つのだ。

半年間のコースを修了すると、自分で小さな農園を経営していくための考え方などが身に付く。さらに10時間の研修を受けるか、『農スクール』の20回のプログラムにサポーターとして参加すると、「認定農キャリアトレーナー」の資格が取得できる。資格を取得すると、支援団体や自治体から「農作業を活用した自立支援プログラム」を依頼された際、「認定農キャリアトレーナー」として活躍できるし、私たちの『農スクール』の現場でもトレーナーを務めることができるのだ。

農福連携とは、農林水産省が厚生労働省と連携して推進しているプロジェクトで、障害者等の農業分野での活躍を通じて、自信や生きがいを創出し、社会参画を促す取り組みだ。「農業や農村における課題（たとえば人手不足、後継者不足など）」と、「福祉における課題（たとえば障害者の自立、就労など）」を、双方から解決できる取り組みとして期待されている。

私はこれまでホームレスや引きこもり、生活困窮者、うつ病などのメンタル面の問題を抱えた人などを対象に就農のお手伝いをしてきた。彼らと農を結びつけることで、互いが幸福になると信じたからだ。彼らは仕事を得て自立でき、農家は人手不足を解消できる。このような取り組みも広義の意味では農福連携に該当する。

『コトモファーム』の利用者には、本気で農業をやりたいという人が一定数いる。上級者コースは、トラクターや土壌・作物の管理機など各種機械を利用するので、それらの数の関係から、定員5名までの少人数制になっている。募集をかけるときは会員に向けてメールマガジンで告知するのだが、毎回すぐに満員になる。

現在、7年目に差し掛かり、7期生が畑に出て頑張っているが、過去の卒業生には実際に農家になった人や移住して農的な暮らしをしている人が複数いる。『コトモファーム』の近くで起業した人もいれば、長野や北海道や四国などに移住して農ある暮らしをしている人もいる。また、「えと菜園」のスタッフとして働いている卒業生も4名いる。

これまでは年に1回の講座開催だったが、会員にも好評であったため、今年（2019年）からは年2回の実施を始めたところだ。

『農スクール』は日本の社会問題をいち早くキャッチするセンサー

認定農キャリアトレーナーは、生活困窮状態にある方や障害を持たれた方たちに農作業を教えていくことになる。人によっては不安定な精神状態にあり、困り事も多様なため、接し方は、やはりマニュアルでは対応できない。実際にその人と触れ合う中で、相手の個性や障害を知り、個別の対応をしていくことが大事だ。その点でいえば、うちはNPO法人『農スクール』が実践の場になる。

『農スクール』には現在10名前後の受講生が通ってきている。基本的なカリキュラムは2014年当時に計画したものと大きくは変わっていない。期間は3カ月とし、週に1回2時間の実地体験と、ワークノートでの振り返りを行っている。本人が希望すれば、農家とのマッチングなど就農へつなげる。

スクール生の内訳は毎回、引きこもりの人の割合が高く、年齢層も20代~40代と幅広い。それ以外に、生活保護受給者やメンタルの問題を抱えた人などがいる。男女比ではいつも男性が7割を超える。

以前は、ホームレスや生活保護受給者を支援する団体からの紹介が多かったが、最近は引きこもりやニートの方が、自らウェブサイトで検索して訪ねてくるケースも増えている。

２０１４年にこの本を出版した当時、ホームレスや生活保護受給者の問題は世間の耳目を集めていたが、中年の引きこもりはまだ大きな社会問題としては扱われていなかった。しかし、私の農園には早い段階から引きこもりの当事者や家族からの相談が来ていた。中には、40代以上の当事者もいた。

当時、引きこもりと言えば、多くの人が「10～30代の若い世代で家に引きこもっている人」をイメージしていたと思うのだが、その頃からすでに引きこもりの高齢化は起きていたのだ。私は「引きこもりの高齢化は近い将来、日本の社会問題の一つになる」と感じていた。

それから5年経った今、やはり引きこもりの問題は深刻化し、高齢化も浮き彫りになった。80代の親が50代の引きこもりの子の面倒を見ている「８０５０問題」は、日本が抱える危急的課題として対策が叫ばれているが、具体的かつ効果的な打開策は見えていないのが現状だ。

農が引きこもり問題に光をもたらす！

長い間引きこもりの方々と一緒に農業をしてきた者として言わせていただくと、農は彼らとの相性が非常に良く、引きこもり対策の大きな柱になる可能性を秘めていると思う。その証拠に、実際うちの『農スクール』から社会復帰していく例が複数ある。たとえば、10年、15年以上引きこもっていた男性などが、『農スクール』を通じて農業の魅力を知り、今は農家になっている。

メンタルの問題をきっかけに引きこもっていた人が健康を取り戻し、元の会社に復帰した例もある。

20年以上引きこもっていた男性が、野菜作りを楽しみに畑に通うようになったケースもある。最初はほどんど会話がなかったが、ほんの数回通ううちに笑顔がちらほら見えるようになり、今では顔つきも身なりも大きく変わった。人は変わる時には、目の輝きや表情が以前とまるで違うものになり、同じ人とは思えないくらいの変化があるのだ畑には人間を変えてしまう力があると、彼らを見ていて心底実感することが多い。

一人ひとり違うので一概には言えないが、引きこもりになりやすい人には「人間関係に敏感で繊細なため傷つきやすい」「失敗することを過剰に恐れている」など、いくつかの共通点があるように感じている。

・農業は一人でコツコツやる仕事なので人間関係で傷つくリスクが少ない。
・一般企業のようなノルマもない（ただし農作物の売上は自己責任となるが……）。
・多少の失敗をしても作物は自分の力で育ってくれる。
・自分の仕事の成果が「実り」という目に見えるかたちで確認できるため、達成感を得やすい。

これらの点で、農は引きこもり問題の根本的解決策の一助になると考えている。

企業の新人研修としても注目される農

「えと菜園」のもう一つの新しい取り組みとして、企業から依頼を受けて、新入社員研修も行っている。これは慶應義塾大学の小杉俊哉（こすぎとしや）先生の紹介で実現したものだ。

小杉先生はリーダーシップ論や組織戦略論などを専門にされている方で、私が『農スクール』でやっていることの多くが、企業の人材育成にも応用できるということを発見いただき、それがきっかけで、企業の新人研修を請け負うことになった。

『農スクール』は、もともと働く意欲どころか生きる元気を失った方々が、農を通じて元気になり、働く楽しさや生きる喜びなどを経験してもらうことを目的とした取り組みだ。農が気に入ってもらえれば就農のお手伝いもするが、一番大事な目的は、自分の良いところに気付いたり、自分らしい生き方を見つけたりすること。これが企業の研修においてはモチベーションアップやセルフコントロールとして応用できる。

研修は、日帰りタイプもあれば、4泊5日の合宿の場合もある。基本的には、目的と紐(ひも)づけされた農作業に取り組んでもらい、振り返りをする。研修の参加人数は企業によって5〜6名のこともあれば、十数名になることもある。だいたい年に3〜5社ほど依頼が入る。中には、誰もが知る大手企業からのものもある。

研修に参加するほとんどの人にとって、実家が農家でもない限り、農作業は〝非日常〟の体験となる。その非日常の中でどう動くかが、研修の大きなテーマだ。

具体的なノウハウとして一つ挙げると、「やることは伝えるが、やり方は伝えない」というのがある。目的だけ伝えて方法を伝えず、「はい、やってください」と丸投げするのだ。すると、研修参加者たちは自分たちで話し合って、「あの道具が役立つのでは」「こっちの方が効率的では」などと方法を考え、試行錯誤しながら目的に近づいていく。この活動を通して、チームワークやPDCAサイクル（計画、実行、評価、改善を繰り返して業務や課題をクリアしていく手法）、自主性などが学べる。

この方法で新入社員研修をすると、「何も習ってないのでできません」と言う研修参加者が少なからずいる。私は、いつもこの言葉を聞いた時は、「できないじゃなくて、やるために何を質問したらいいかを考えるのも仕事の一つです。仕事の現場では、いちいち上司はやり方を教えてくれないからこそ『質問力』が大事になってきます」と伝える。

年を重ねると、変なプライドが出てきて人にはなかなか聞きづらくなってくるものだ。さらに、リーダーなど上の立場になると、質問できる上司自体が少なくなっていく。同僚や後輩にも素直に聞ける「質問力」を、新人のうちから鍛えてほしいと思っている。

こうした体験を通して研修生は〝仕事は習うものではなく、自ら考えて課題解決するものだ〟と知るのだ。特に農作業は体を使って課題解決をしていくので、自ら考えて動くことの意味や重要性が座学よりも腑に落ちやすい。

他にも興味深いことがある。仲の良いチームが必ずしも生産性が高いとは限らないことだ。決まった時間内にどれだけ収穫できるかをチームごとに計ると、仲良しチームは断トツで収穫量が少ない。おしゃべりが楽しくて、手を動かすより口を動かしてしまいがちだからだ。「誰かがサボっているな」と気付いても、「まあいいか」と大目に見てしまうこともある。

多少ギスギスしていても意見が出しあえるチームだと、事情が違ってくる。他のメンバーがちゃんと働いているかを互いにチェックすることになるので、生産性が高くなるのだ。ただし、短期間のプロジェクトならギスギスしていても乗り切れるが、長いスパンのプロジェクトでは互いに批判ばかりになって空中分解してしまう恐れがあるだろう。

強いリーダーがいるチームが、一番生産性が高くなる。特にリーダーが他のメンバーに目配り気配りできる人だと、大きな課題でも解決していける可能性が高くて有望だ。

これは余談だが、新人研修をしていると、それぞれの企業がどういう人材を求めているかが垣間見えて勉強になる。製造系は、規則を守って工程通りに正確に動くタイプの新人が多く、商社系は自分で考えて発言したり、動いたりするタイプの新人が多いように感じられる。

そもそも私のところに研修が依頼される際に、企業側から「うちはこういう人材を育成したいので、こういう方向性でカリキュラムを作ってください」というオーダーが入る。私は当該企業に関する資料を集めて、企業理念や社則などを読み込んだうえで、一つ一つのプログラムを個別に作っていく。

新人研修は春4～5月あたりに集中するが、その時期はちょうど畑では夏野菜の植え付けの時期と重なる。私は自分の畑仕事（一応、これが本業だと自分では思っている）との調整で毎年、多くは受け入れられないのが弱点だ。

安心して失敗できる、それが私の農園

『農スクール』や体験農園、企業の新人研修などを通じて、私は「人に教える」ことの難しさを痛感してきた。日々の試行錯誤の中で特に気をつけていることは、〝先回りして教えない〟ことだ。

たとえば、小学生の子どもが計算ドリルをやっていて、親でも先生でもいいが、大人がそばで見ているとする。その子が計算間違いをしそうになると、たいていの大人は「あ、ちょっと待って。そこ違う」と口を出すだろう。子どもが計算ミスしないように予防線を張って、先回りして注意を促し、正解へと導く。

この一連の〝指導〟は、実は子ども本人のためにならない。子どもは失敗をしてはじめて「何が、どこが悪かったか」を考えることができる。そして、自分で見つけた正解への道は、苦労したり回り道をした分だけ記憶として定着しやすくなる。

先回りして教えるというのは、この大事な学びの機会を奪ってしまうことなのだ。大人にしてみれば、子どもの間違いを黙って見ているほうがジリジリしてしんどい。教えてしまったほうが早いし楽だから、口を出すのだろう。つまり、それは〝自分のため〟だ。

先回りして教えてもらうことに慣れた子どもは、「間違えそうになったら教えてもらえるだろう」と思ってしまい、自分で気を付けようとしなくなる。そして、間違えることを怖がるようになってしまうのではないか。「また同じミスをしたら注意されてしまう」と。大人にはそんなつもりはなかったとしても、〝失敗が許されない空気〟を子どもは感じ取ってしまうものだ。

失敗することは、とても素晴らしい体験だ。失敗の数だけ学びが増えていく。数多くの失敗や遠回りをしてきた私だから、はっきりとそう言い切れる。だが、今の世の中は失敗できる場が少ないと思う。非常に窮屈だ。学校でも会社でも仲間内でも、一度失敗すると「ダメ人間」のレッテルを貼られがちで、それを剝がすのに苦労する。引きこもりやニートの問題増加の原因には、失敗できない空気が社会にはびこっているせいではなかろうかと私は思う。

私は自分の農園に来る人たちには、野菜作りを通じて、成功体験も失敗体験もたくさん積んでほしいと思っている。畑では種の植え方を間違えたところで、それなりに芽が出るから大丈夫だ。安心して失敗ができる場としても、畑は最適だ。

支援する側、支援される側の構造を取り払え！

今、『農スクール』には引きこもり、ニート、元ホームレス、生活保護受給者、メンタルヘルスの問題を抱えた人など、年齢も生活背景も、置かれている環境や抱えている事情もバラバラの多種多様な人たちが通って来ている。

彼らに農業を覚えてもらうには、指導する立場の人間、つまり認定農キャリアトレーナーの育成が不可欠だ。そこで、私の経験や知見を伝えるための対応マニュアル作りに奮闘したこともあった。しかし、ひと通り作ってみて辿り着いた答えは、「対応マニュアルより個別の対応が大事」ということだ。

マニュアルがあると、それが独り歩きを始めて、「こういう属性の人には、こういう対応をすべき」という紋切り型の対応に陥る危険性が高い。最初から「この人は引きこもりだから」「この人はホームレス出身だから」というフィルターを通して、相手を見てしまうのだ。

すると、相手が抱えている本質的な問題が見えにくくなり、誤った対応をしてしまうことになる。

前にも話したが、引きこもりにもいろいろな性格の人がいる。考え方も違えば、得意・不得意も違う。だから、その人その人に沿った接し方を、その場で考えていかねばならない。それには、本人と「人間同士」として向き合い、同じ目線で対話する中で、相手を知ることが大事だ。認定農キャリアトレーナー育成で重要視していることは、「対応マニュアルなし」の〝一対一の関係作り〟だ。

福祉や医療の現場をよく知っている専門家ほど、相手を知らず知らずのうちにカテゴライズしてしまう〝厄介なメガネ〟を掛けていることがある。

彼らが『農スクール』になんらかの形でかかわる時、私はあえて受講生たちの病気や事情は話さないことがある。〝厄介なメガネ〟なしに、その本人を見てほしいからだ。

現場に長くいる私自身も〝厄介なメガネ〟をいつ掛けてしまうか分からないし、すでに掛けているかもしれない。だからこそ、日々自問自答し続ける必要がある。これは死ぬまで続く自問だと思っている。

そもそも「教える側」「教えられる側」とか「支援する側」「支援される側」といった立ち位置を作ってしまうこと自体が良くないと、私は考えている。その弊害は、お互いが、無意識に、時には意識的に、〝それぞれの役割を演じてしまう〟点にある。

教える側は「何かを教えなくては」と思うので、先程言ったような先回りの注意をせずにいられなくなる。教わる側は「教えてもらうこと」が前提となり、自ら考えたり学んだりする意欲を失ってしまう。

社会的弱者と言われる人々がいるが、彼らを社会的弱者にしているのは他でもない我々を含む社会全員だ。彼らにそういう役割を与えて、「あなたは弱者だから支援を受けなさい」という無言の圧力を押し付けてしまっている。社会的弱者にカテゴリーされた人は、自分でも意識しないうちに「自分は助けてもらうべき人間だ」と思ってしまい、必要以上に弱者を演じてしまうことになる。

相手も自分も「同じ人間」としてフラットに付き合っていくと、教えたり教わったり、慰めたり慰められたり、傷つけたり傷つけられたりしながら、なんだかんだでお互いが成長していけるものだ。

彼らは助けてもらう存在ではなく、ただ学びに来ている人たちだ。将来は、命の基盤である「食」を生み出し、私たちの未来世代の命を支えてくれる農家になる可能性も秘めた存在なのだ。

農福連携、そして多様性を重視した社会へ

〝農と人とをつなぐ〟取り組みをするうえで、大きな推進力になる国の動きが最近2つあった。

1つは、先程少し話した「農福連携」のプロジェクト始動だ。国の事業として予算も割かれていることから、今後、障害者、生活困窮者など、働きづらさを抱える方々と農との繋がりはより親密なものになるだろう。

ちなみに、私の一連の取り組みが、NIKKEI BP総研の「新・公民連携最前線」というサイト内の特集記事「就農支援のいま」で、事例として紹介されている。ま

た、2017年度の日本青年会議所主催「第31回人間力大賞」で、農林水産大臣奨励賞をいただいた。

もう1つの動きが、「日本財団WORK! DIVERSITY」だ。これは、働きづらさをテーマにしたダイバーシティな就労支援への取り組みだ。これまで、障害者や難病患者、高齢者、引きこもり、ニートなど「就労したくてもできない」人たちの対策は、縦割り行政で行われてきた。障害者に対しては障害者自立支援法があり、障害者支援団体が対応に当たってきた。高齢者には高齢者福祉法があり、地域包括支援が進行している。そんなふうに、支援の窓口や制度が分類されていた。

ところが、近年これまでの縦割りの支援では対応しきれないケースが増えてきているようだ。

国の統計によれば、ホームレスや引きこもり、障害者以外にもネットカフェ難民など多様な背景を持った方々を含めると、働きづらさを抱えた人は1500万人になるそうだ。そうした多様化する日本社会に、制度が追い付かなくなってきた。そこで国は、働くために必要な支援について、既存の施策や制度を活かしつつ複合的かつ横断的に支援を提供できる新システムを構築することに動き出した。

これで何が変わるかというと、『農スクール』のような多様な方々を受け入れる団体が運営しやすくなる可能性がある。

順を追って説明すると、もし『農スクール』がメンタル面の障害を抱えた人だけを受け入れる組織だったとしたら、今までも「障害者支援団体」にカテゴライズされて、その運営にあたっては国からの助成金などのサポートが受け取れていた。

しかし、私は『農スクール』を、本人が望めば誰でも受け入れる組織にしたかったので、端から国のサポートは諦めていた。そのおかげで運営は経済的には大変なことも多いが、様々な働きづらさを持った人たちが集まってくるようになった。

制度下でも、実社会でも、農福連携が広義の意味で受け入れられるようになり、また、今後、「WORK！ DIVERSITY」が推進されて新システムが構築されると、『農スクール』のような、これまでどこにも分類されてこなかった支援団体にも、サポートが行き届く時代がやってくるだろう。

これが弾みになり、『農スクール』のような農を舞台とした、多様な方々の就労支援に取り組む団体が増えていけば嬉しい。同じような組織が増えれば、もっとたくさんの働きづらさを抱える人たちが活躍できる社会になるからだ。

『農スクール』が生まれた時にさかのぼってみると、２００８年に10坪の農園を借り、ホームレスをアルバイトに雇う「チーム畑」を始めたところからになる。「誰の理解も得られなくていい。だけど、自分の中で感じる社会の不条理さにはきちんと向き合いたい」という思いから、たった1人で始めて、コツコツと続けてきた。そして、仲間が1人、また1人と増えていき、今ようやく、少しずつ社会にも理解されるようになってきたと思える。

私の取り組みが、今後みんなの取り組みになってくれること、それが私の願いだ。

増補改訂版おわりに

5年が経って益々多忙になり、なかなか自分の時間も取れなくなってきたが、変わらないことが一つある。それは、1人で畑に出る時間を作ることだ。私の本業は野菜農家だから当たり前のことなのだが、これを死守するのが意外に大変になってきている。

ここ最近は、以前にも増して講演依頼が多く舞い込むようになった。本文でも書いたが、私はもともと人前で話すのが苦手で、今でも大勢の前に立つと緊張してしまう性質だ。それでも場数を踏んでいるうちに、「これは聞いてくださっている方々の心に届いたな」と感じる場面に出会える。

先日、ある講演会でこんな話をした。「野菜の芽が出ないのは、種が悪いのでなく、土が合わないだけ」という話だ。

たとえば、Aという畑とBという畑が近隣にあるとして、ここに大根の種をそれぞれ植えたとしよう。同じ品種の種なのに、Aの畑では芽が出ず、Bの畑では元気な芽が出るということが、畑では普通にある。どうしてこういう差が起きるかというと、土壌が

違うからだ。土の質が違えば、栄養の量も水分の量も違うし、そこに生息する微生物や昆虫も違ってくる。生える雑草の種類も違う。パッと外から見た目では同じような畑に見えても、環境はまったく変わって来るのだ。芽が出ないとしても、それは種が悪いわけでも、土が悪いわけでも、誰が悪いわけでもない。

人間も同じで、才能が活かせるかどうかは、当人が身を置く環境によるところが大きい。自分に相応しい場所に身を置くことができれば、誰もが土に根を張り、自立して花開くことは可能だ。だから、自分が花開ける場所を、諦めずに探してほしいのだ。

もし仕事や人間関係に疲れた人がいたら、私の農園に来てほしい。

きっと心が自由になって、生き返った気持ちが味わってもらえると思う。体験農園に来る人たちを見ていると、メンタルヘルスケアに役立っているような肌感覚がある。朝、疲れた顔をして農園に来た人が、帰りには爽やかな笑顔を取り戻していくからだ。

畑は逃げ場所としても最適だ。煩わしい人間関係もないし、ノルマもない。野菜作りは少々の失敗や手抜きもＯＫな寛容さがある。それに、畑には上下関係などは一切なく、誰もが、〝その人のまま〟で歓迎される場所になっている。
行き場がなくて困ったら、畑に立ってみよう。きっと居場所が見つけられるはずだ。

今回こうして５年分の歩みを語る機会を与えて下さった、担当編集者の野田さんに感謝を申し上げたい。そして、私がここまでやってこられたのは、長年支えてくださっているいる通販のお客様、コトモファームの会員様、就労支援や企業研修で当園のプログラムを活用してくだっている取引先の皆様、右も左も分からない時からご指導くださっている諸先輩方や熊本県の提携農家の皆様、よそ者である私を温かく迎え入れてくれた藤沢市の農家の先輩方、どんな時も私を信じてサポートくれている友人たち、そして危なっかしい私を陰となり日向となって支えてくれているスタッフ、生きる活力を与えてくれる娘のおかげです。本当にありがとうございます。

令和元年８月

小島希世子

小島希世子（おじま きよこ）

野菜農家。株式会社えと菜園代表取締役・NPO 農スクール代表理事。

1978年熊本県生まれ・熊本高校・慶應義塾大学卒。

神奈川県藤沢市にて、体験農園・貸し農園「コトモファーム」を運営。

また、熊本県から農家直送の通販サイト「えと菜園オンラインショップ」の運営などを行っている。

自治体の就労支援の現場でのプログラム、認定農キャリアトレーナー育成プログラム、農作業を活用した新入社員研修プログラムなどの開発・提供を行う。

家庭菜園を学ぶための講座の監修、農起業系のスクールでのカリキュラム構築なども手掛ける。大学やビジネススクールなどでもゲスト講師を務めている。

内閣府地域社会雇用創造事業・第1回社会起業プランコンテスト最優秀賞受賞、横浜ビジネスグランプリ2011ソーシャル部門最優秀賞受賞、
農林水産大臣奨励賞受賞（第31回人間力大賞・2017年）

TV や雑誌等のメディアにも出演多数。

＊本書は2014年10月に小社より刊行された『ホームレス農園』を改稿の上、改題したものです。

農で輝く！
ホームレスや引きこもりが人生を取り戻す
奇跡の農園

2019年8月20日　初版印刷
2019年8月30日　初版発行

著　者　小島希世子
発行者　小野寺優
発行所　株式会社河出書房新社
〒151-0051　東京都渋谷区千駄ヶ谷2-32-2
電話　03-3404-1201（営業）　03-3404-8611（編集）
http://www.kawade.co.jp/

組　版　タイプフェイス
印刷・製本　三松堂株式会社

Printed in Japan　ISBN978-4-309-24920-9